Harika Done

Estudos ecológicos para plantações sustentáveis de biodiesel (Jatropha)

Harika Done

Estudos ecológicos para plantações sustentáveis de biodiesel (Jatropha)

ScienciaScripts

Imprint

Cover image: www.ingimage.com

This book is a translation from the original published under ISBN 978-620-2-30230-2.

Publisher:
Sciencia Scripts
is a trademark of
Dodo Books Indian Ocean Ltd. and OmniScriptum S.R.L publishing group

120 High Road, East Finchley, London, N2 9ED, United Kingdom
Str. Armeneasca 28/1, office 1, Chisinau MD-2012, Republic of Moldova, Europe
Managing Directors: Ieva Konstantinova, Victoria Ursu
info@omniscriptum.com

Printed at: see last page
ISBN: 978-620-8-54210-8

"As mãos preciosas"

O primeiro a abraçar-me com carinho

O primeiro a secar as minhas lágrimas

Os que sempre me guiaram em muitos anos difíceis

anos O escudo do Amor que me encheu de luz

e alegria

As "Mãos Preciosas" de que falo Pertencem apenas a ti

humildemente DEDICADO AO MEU SENHOR

AGRADECIMENTOS

Em primeiro lugar, tenho o privilégio de agradecer às autoridades da Universidade Acharya Nagarjuna por terem proporcionado uma plataforma para a realização do meu sonho.

Expresso o meu profundo sentimento de gratidão ao meu orientador de investigação, **Dr. A.V.V.S. Swamy**, M.Sc., Ph.D., D.E.Sc., pela sua valiosa supervisão e orientação ao longo do meu doutoramento. Não há palavras suficientes para exprimir o meu sentimento de gratidão pelo seu encorajamento constante, ideias meticulosas e sugestões benevolentes e também a minha gratidão sincera à **Sra. Rajeswari Swamy**.

Gostaria de registar os meus sinceros agradecimentos ao Coordenador do Departamento de Ciências Ambientais, **Dr. P. Brahmaji Rao**, M.Sc., M.Phil., Ph.D., pela sua memorável coordenação e força de base. Estou grato aos professores convidados do Departamento, **Dr. V. Subhashini**, M.Sc. M. Phil, **Sri K. Sasidhar** e **Dr. CH. Suneetha**, M.Sc., Ph.D., pela sua imensa cooperação.

Gostaria de mencionar a minha gratidão à **Karanam Bio fuels**, que estabeleceu uma boa base para iniciar o meu trabalho e exprimo com alegria a minha dívida para com o **Dr. Sahanam e o Dr. Venkateswara Reddy** pelo seu apoio e encorajamento incondicional a todos os níveis do meu estudo no terreno.

Devo toda a minha vida ao **Sr. e à Sra. T J Kruparaj** pela sua paciência, sem a qual este trabalho não poderia ser concluído. Os meus sinceros agradecimentos aos **cultivadores**, por me terem dado esta oportunidade. Gostaria de exprimir os meus agradecimentos especiais ao pessoal de apoio do departamento, Sr. **Neelakanteswara Rao**, **Sra. Lakshmi e Sr. Govardhana Rao**, pela sua ajuda e coordenação.

A minha gratidão vai para o pessoal da biblioteca e para as autoridades da A.N.U. por me terem proporcionado os conhecimentos necessários para concluir a minha tarefa. A minha profunda gratidão vai para a **UGC** por ter fornecido assistência financeira durante toda a minha investigação e, assim, ter alcançado mais um marco na minha vida.

É com imenso prazer, orgulho e satisfação que deixo registados os meus sinceros agradecimentos ao **Sr. Vijay**, cuja magnânima ajuda e apoio de todo o coração permitiram que esta obra visse a luz do dia.

Agradeço especialmente aos meus **amigos** e a todos os meus **colegas** por terem criado um ambiente muito pacífico e agradável durante toda a minha estadia na A.N.U. Por último, mas não menos importante, apresento sinceramente o meu devido respeito e agradecimentos afectuosos aos meus queridos **familiares,** especialmente aos meus **irmãos**, pelo seu amor e carinho infalíveis, sem os quais não seria o que sou.

Obrigado a todos. **Harika Done**

ÍNDICE DE CONTEÚDOS

CAPÍTULO 1 5

CAPÍTULO 2 17

CAPÍTULO 3 45

CAPÍTULO 4 59

CAPÍTULO 5 122

CAPÍTULO 6 146

CAPÍTULO 1

I N T R O D U Ç Ã O

A disponibilidade e a utilização de energia são questões de interesse global e têm sido objeto de investigação em todo o mundo desde há muito tempo, uma vez que o consumo contínuo de combustíveis fósseis atingiu uma fase em que as reservas actuais parecem não ser suficientes para satisfazer a procura. Para fazer face à crise energética mundial, a investigação centra-se principalmente na redução do consumo de energia e na deteção de alternativas energéticas novas e renováveis.

1.1. Crise energética e clima global:

O aumento dos preços dos combustíveis fósseis e o aumento das emissões de gases com efeito de estufa (GEE) são as principais razões para encontrar alternativas energéticas novas e renováveis para os próximos anos (FAO, 2008). Além disso, o consumo de combustíveis fósseis terá graves impactos nos ecossistemas naturais de várias formas, nomeadamente a nível ambiental, económico e social. Esta é a razão para procurar alternativas que sejam renováveis, amigas do ambiente e economicamente viáveis. O Protocolo de Quioto à UNFCCC, de 1997, reconhece a importância das energias renováveis como um contributo para a atenuação das alterações climáticas, com o objetivo de ajudar os países em desenvolvimento a alcançar um desenvolvimento sustentável, e a Convenção-Quadro das Nações Unidas sobre as Alterações Climáticas (UNFCCC, 1992) apoia a bioenergia como uma das "medidas de precaução para antecipar, prevenir ou minimizar as causas das alterações climáticas". A este respeito, o mundo inteiro está à procura de várias opções para produzir bioenergia, especialmente biocombustíveis.

Uma vez que os biocombustíveis podem ser produzidos a partir de um conjunto diversificado de culturas, como as açucareiras, as amiláceas e as oleaginosas, cada país está a adotar uma estratégia que explora as vantagens comparativas que detém em determinadas culturas. Por exemplo, a cana-de-açúcar e o milho são as principais matérias-primas para a produção de etanol no Brasil e nos EUA, respetivamente, enquanto a Malásia utiliza óleo de palma. O Governo da Índia lançou uma Missão Nacional para os Biocombustíveis, cuja principal estratégia tem sido a promoção da *Jatropha* curcas: uma planta que produz sementes oleaginosas não comestíveis que podem ser utilizadas para produzir biodiesel, principalmente em terrenos baldios. O Governo indiano tem como objetivo atingir uma meta de 20% de mistura de biodiesel até 2012, colocando cerca de 400 000 hectares de solos marginais sob cultivo de sementes não comestíveis. Para além de reduzir a dependência dos combustíveis importados, a missão visa gerar vários outros benefícios, como a criação de emprego para as populações rurais pobres, a regeneração de terrenos baldios e a redução das emissões resultantes da utilização de energia.

1.2. **Contexto de Andhra Pradesh**: O Andhra Pradesh é um dos cinco maiores dos 28 Estados da Índia, tanto em termos de dimensão como de população. Está situado no sudeste do país, com uma área de 275 069 km^2 e é constituído por 23 distritos.

A agricultura é um sector importante no Estado, com 62% da população a ter esta atividade como ocupação principal. As culturas mais importantes são o arroz, o sorgo, o milho, o milheto, as leguminosas, a rícino, o tabaco, o algodão e a cana-de-açúcar, sendo o arroz a mais importante, representando 77 % da produção total de cereais. (Portal Nacional da Índia 2010)

A produção agrícola em Andhra Pradesh depende da precipitação, sendo as principais fontes as monções do sudoeste e do nordeste, activas de junho a setembro e de outubro a dezembro, respetivamente. A monção do sudoeste contribui para cerca de 66% da precipitação anual total, enquanto a monção do nordeste é responsável por cerca de 24%. A precipitação anual normal no estado é de 940 mm, mas a distribuição varia entre os distritos. (Departamento de Agricultura 2009)

1.3. Cultura de *Jatropha* em Andhra Pradesh:

O estado de Andhra Pradesh está situado na costa oriental da Índia e tem cerca de 4,52 milhões de hectares de terrenos baldios, ou seja, 16,5% da área geográfica total do estado (GOI, 2010). Doze distritos do estado foram propostos para o cultivo de Jatropha no âmbito da fase de demonstração da Missão Nacional para o Biodiesel. O Governo de Andhra Pradesh criou o Rain Shadow Areas Development Department (RSAD) em junho de 2004, para trabalhar no sentido de melhorar os meios de subsistência nas zonas deficientes em chuva. O mandato do departamento inclui os biocombustíveis, para além da irrigação, da sementeira de nuvens e de outras questões relacionadas com a água (RSADD, 2004). Em termos de matérias-primas para biocombustíveis, a tónica principal é colocada na Pongamia (Pongamia pinnata) e não na Jatropha, embora o cultivo de ambas seja subsidiado.

A nível estatal, foi pedido aos governos distritais que iniciassem programas de implementação de plantações de Jatropha nos seus distritos. A implementação nos distritos estudados foi conduzida principalmente por departamentos agrícolas e rurais, mas em alguns casos também por ONGs locais e empresas privadas, com as seguintes considerações:

- Utilização alternativa dos solos em terras subutilizadas e em pousio, particularmente em zonas áridas e propensas à seca

- Fonte de rendimento sustentável

- Emprego nas zonas rurais
- Segurança energética para a nação
- Combustível facilmente disponível nas zonas rurais.

1.4. Promoção e fundos:

Para promover a plantação *de Jatropha*, o governo de Andhra Pradesh anunciou os seguintes incentivos (RSAD 2006b):

- Todos os agricultores recebem mudas gratuitas.

- Para a instalação de um sistema de irrigação por gotejamento, é concedido um subsídio de 90% (não superior a Rs. 50000) a todos os agricultores.

- Os trabalhos de preparação das terras são pagos no âmbito do programa "Alimento para o trabalho e desenvolvimento das terras atribuídas" aos agricultores elegíveis.

Os fundos para as plantações *de Jatropha* devem ser fornecidos da seguinte forma (RSAD 2006):

- Os agricultores pobres das terras atribuídas pelo governo recebem 100% do financiamento do Programa Nacional de Garantia do Emprego Rural (NREGP), do Programa Global de Desenvolvimento das Terras (CLDP) ou dos fundos das bacias hidrográficas.

- Todos os outros agricultores recebem 60% do custo unitário do financiamento do governo, 40% são garantidos como empréstimo bancário.

- Todos os grupos de autoajuda (SHG) que mantêm plantações em terrenos baldios do governo recebem 100% de financiamento.

Para produzir uma quantidade suficiente de biodiesel para atingir o objetivo de mistura de 20%, a Comissão de Planeamento para a missão nacional calculou que eram necessários 13,4 milhões de toneladas de biodiesel, o que exigiria 11,2 milhões de hectares de terra para o cultivo de *Jatropha* (Quadro 1). A área de terra necessária é calculada com base numa densidade de plantação de 2 500 plantas por hectare e numa produção de sementes de 1,5 kg por árvore.

Tabela-1: Procura de biodiesel e necessidades de terrenos para misturas de 5 e 20 por cento calculadas pela Comissão de Planeamento.

Year	Diesel Demand(MT)	Biodiesel demand (MT)		Area needed (M.Ha)	
		5% blend	20% blend	5% blend	20% blend
2003-04	44.51	2.23	8.90	1.87	7.48
2004-05	46.97	2.35	9.39	1.96	7.84
2005-06	49.56	2.48	9.91	2.07	8.28
2006-07	52.33	2.62	10.47	2.19	8.76
2011-12	66.90	3.35	13.38	2.79	11.19

Fonte: Comissão de Planeamento (2003)

A Comissão de Planeamento identificou e estimou as áreas de terra disponíveis, concluindo que 13,4 m.ha de terra estavam disponíveis e eram viáveis para plantação imediata. Poderiam também ser plantados mais 4 m.ha de terrenos baldios (Quadro 2).

Quadro 2: Estimativa da Comissão de Planeamento das superfícies disponíveis para as plantações *de Jatropha*

Type of land	Area (m.ha)	Potential area (m.ha) for *Jatropha*
Under-stocked forest areas	31.0	3.0
Protective hedge around agricultural fields	142.0	3.0
Agro-forestry		2.0
Cultivable fallow land	24.0	2.4
Wastelands under Ministry of Rural Development poverty alleviation programmes	-	2.0
Public land along railways, roads, and canals	-	1.0
Total	-	**13.4**
Additional wasteland	-	4.0

Fonte: Comissão de Planeamento (2003)

A Comissão de Planeamento reconheceu a necessidade de demonstrar a viabilidade do programa antes da implementação em larga escala e do envolvimento de um grande número de partes interessadas, incluindo agricultores privados, comunidades, indústria, instituições financeiras e instituições governamentais. Por conseguinte, a Missão Nacional para o Biodiesel foi proposta em duas fases. A fase 1, de 2003 a 2007, consistiu num projeto de demonstração.

Em resposta às questões acima mencionadas, foi iniciado o presente estudo: um projeto de investigação para identificar técnicas adequadas para o cultivo de *Jatropha* com o objetivo principal de identificar um espaçamento adequado e uma fertilização apropriada para aumentar o rendimento das sementes de *Jatropha* curcas L. em condições ambientais variadas.

1.5. *JATROPHA*

A Jatropha curcas (Linnaeus), geralmente designada por "*JATROPHA*", é um arbusto alto monoico de folha caduca ou uma pequena árvore de até 6 m de altura com madeira macia (Ranjan, 2009). Pertence à família Euphorbiaceae da subfamília Crotonoideae e existem mais de 200 nomes diferentes para o seu grande significado para o homem e as várias possibilidades da sua utilização. Existem aproximadamente 170 espécies conhecidas da planta (Dehgan, 1984), das quais apenas 17 são observadas na Índia. Quando o botânico Carl Von Linne classificou pela primeira vez as plantas em 1753, deu-lhe o nome botânico "*Jatropha curcas*" das palavras gregas viz√Jatros· significando um "Doutor" e 'trophe' significando 'nutrição'. É uma planta perene com uma vida útil de 50 anos.

Acredita-se que seja nativa do México e da região da América Central. Foi introduzida em África e na Ásia e mais tarde espalhada para outros continentes do mundo pelos colonos portugueses no século XVII (Gubitz et al, 1999), mas atualmente é cultivada em todo o mundo em muitas partes dos trópicos e subtrópicos, onde é cultivada como cultura de cobertura e para uso tradicional (Kumar e Sharma, 2008). Os nomes utilizados podem também variar (inglês - physic nut, purging nut; hindi - ratanjyot, jangli erandi; Malayalam - katamanak; Tamil - kattamanakku; Tailândia - tuba, Gujarathi - jepal; sânscrito - kanana randa, Indonésia - jarak pagar, malaio - jarak, etc.), consoante a região/país. É mais vulgarmente conhecida como "Physic Nut, Purging Nut, Barbados Nut ou Hedge Castor Oil Plant".

Posição sistemática : (Gamble, Vol-II, 2008)

Class: Rosidae
Order: Malpighiales
Family: Euphorbiaceae
Sub-Family: Crotonoideae
Tribus: Jatropheae
Genus: *Jatropha*
Species: *Jatropha* curcas L

O género *Jatropha*, pertencente à família Euphorbiaceae do reino vegetal (Prakash, 2006), é um diploide com número cromossómico (2n) 22 e contém cerca de 175 espécies no mundo. Na Índia, as 17 espécies seguintes encontram-se dispersas em vários estados do país.

1.6. *Jatropha* na Índia:

As 17 espécies seguintes encontram-se dispersas em vários estados do país.

Jatropha curcas, J. gossypifolia, J. glandulifera, J. heynei, J. integerrima, J. maheshwarii, J. multifida, J. mulendnifera, J. villosa, J. nana, J. podagrica, J. hastate, J. tanjovurensis, J. macrofayala, J. acrocurcas, J. diyoka e **J. sinera.**

A J. curcas, ou "pinhão manso", não exige o tipo de solo e pode ser cultivada bem em solos degradados com baixa fertilidade e humidade e também em solos pedregosos, pouco profundos e mesmo em solos calcários (Jingura et al. 2011), mas falha em solos salinos e alagados. Pode tolerar temperaturas extremas elevadas, mas geralmente teme as geadas, que causam danos imediatos (Gour 2006). Sendo uma suculenta que perde as suas folhas durante a estação seca (Wiesenhuetter, 2003), está bem adaptada a condições semi-áridas, sem irrigação e pode tolerar um amplo espetro de regimes de precipitação, de 250 a 3000 mm por ano (The Biomass Project, 2000 e Kheira et al, 2009). Embora se adapte bem a solos marginais com baixo teor de nutrientes, a fertilização com azoto e fósforo é necessária para obter um rendimento elevado (Foidl et al, 1996) e a inoculação micorrízica mostrou um aumento de 30% tanto na biomassa como na produção de sementes (Tewari, 2007).

As folhas são alternas, simples, pecioladas e glabras, com uma lâmina de contorno amplamente ovado, 4-6 lóbulos com um comprimento e uma largura de 6 a 15 cm e margens geralmente inteiras. A partir das sementes formam-se normalmente cinco raízes: uma raiz axial e 4 raízes laterais e as estacas não desenvolvem uma raiz axial (Heller, 1996). As plantas provenientes de estacas não desenvolvem a raiz axial, apenas as laterais. Os ramos contêm látex esbranquiçado, que provoca manchas castanhas difíceis de remover. A planta é monóica, ocasionalmente ocorrem flores hermafroditas. As inflorescências terminais contêm flores unissexuais. A proporção de flores masculinas e femininas varia entre 13:1 e 29:1 e diminui com a idade da planta. Normalmente, *a Jatropha* floresce apenas uma vez por ano durante a estação das chuvas (Raju e Ezradanam 2002). Em regiões permanentemente húmidas ou em condições de irrigação, *a Jatropha* floresce quase todo o ano, mas parece ser sazonal em zonas semi-áridas. A polinização parece ser efectuada por abelhas e escaravelhos (Bhattacharaya et al., 2005) e traças (Henning, 2007). Na floração, as flores femininas abrem um ou dois dias antes das masculinas; as flores masculinas duram apenas um dia. Após a polinização, as inflorescências formam um cacho de frutos elipsoidais verdes (Tewari 2007). O fruto é uma cápsula amplamente elipsoide, com 2,5-4 cm de comprimento, de pele lisa, contendo duas ou três sementes elipsoides, de cor preta mosqueada e grosseiramente esburacadas, que se assemelham a feijões pretos de dimensões semelhantes, com cerca de 1-2 cm de comprimento. O peso médio por 1000 sementes é de cerca de 500~800 g, o que equivale a 1333 sementes por kg, que se assemelham a feijões pretos com dimensões semelhantes, com cerca de 18 mm de comprimento e 10 mm de largura. O revestimento das sementes constitui cerca de 35~40% do total das sementes. O teor de óleo das sementes varia de 35 a 40% e o do miolo de 55 a 60%.

Todas as partes da planta incluem o látex pegajoso, amargamente pungente e adstringente, que pode ser utilizado para fazer tinta. A casca contém tanino, cera, resina, saponinas, etc., o que a torna útil para fins industriais. A amêndoa, que forma 60-68% do peso da semente, contém óleo que representa cerca de 4658% do peso da amêndoa e 30-40% do peso da semente. O óleo é utilizado para iluminação sem fumo, substituto do gasóleo, querosene, lubrificantes, sabões e fabrico de velas (Wani et al, 2006). Pode ser utilizado como óleo para o cabelo e tem aplicação no gado contra feridas. Sendo uma excelente fonte de adubo orgânico, contém 3,2% de azoto, 1,4% de fósforo e 1,2% de potássio.

A não-palatabilidade, a adequação a várias condições climáticas e de solo, a fácil propagação, a taxa de crescimento mais rápida e a natureza perene são as outras caraterísticas preferíveis para a seleção da espécie *J. curcas* como uma potencial cultura de biocombustível (Takeda, 1982; Martin e Mayeux, 1984, 1985; Jones e Miller, 1991).

1.7. Finalidade e objectivos

Os biocombustíveis líquidos para os transportes são objeto de uma atenção crescente em todo o mundo. Neste domínio*, a Jatropha* curcas L. (também designada por *Jatropha*) assume uma posição especial. *A Jatropha* é uma pequena árvore tropical que produz frutos com sementes oleaginosas. O óleo é tóxico e não é adequado nem para o consumo humano nem para o consumo animal (Makkar e Becker 1998). As primeiras afirmações (Roy 1998, Roy e Kumar 1990) diziam que a resistência à seca, a não palatabilidade, a adequação a várias condições climáticas e de solo, a taxa de crescimento mais rápida e a natureza perene são os outros caracteres preferíveis para a seleção da espécie J.curcas. Estas afirmações elevaram *a Jatropha* ao estatuto de árvore milagrosa, apregoada pela sua capacidade de produzir simultaneamente biodiesel, recuperar terrenos baldios e melhorar o desenvolvimento socioeconómico (Francis et al. 2005).

O entusiasmo desencadeou muitos investimentos na cultura *da Jatropha*. Vários países depositaram grandes esperanças na *Jatropha* para atingir os objectivos nacionais de mistura. A Índia pretende utilizar *a*

Jatropha para atingir uma mistura de 20% de biodiesel com gasóleo fóssil até 2017 (Agoramoorthy et al. 2009; Leduc et al. 2009). Em 2008, *a Jatropha* ocupava 936 000 ha a nível mundial. Prevê-se que esta área atinja 4 720 000 ha em 2010 e 12 800 000 ha em 2015 (GEXSI 2008).

Finalidade e objectivos

Tendo em conta a falta de conhecimento científico e a expansão futura prevista da área cultivada *com Jatropha*, **o objetivo desta dissertação é avaliar a sustentabilidade presumida da cultura de *Jatropha* em condições ambientais variadas e contribuir para o conhecimento sobre a sustentabilidade potencial da *Jatropha*.**

Esta tese fornece as informações necessárias e complementares para uma melhor compreensão do crescimento *da Jatropha*, de modo a orientar a investigação futura para avaliar a resposta da *Jatropha* a diferentes condições ecológicas.

O trabalho de investigação foi iniciado com os seguintes objectivos

- Estudar a viabilidade da *Jatropha* como alternativa de biocombustível
- Comparar o desempenho do crescimento da *Jatropha* em diferentes condições, como espaçamento, tipos de solo e disponibilidade de água e nutrientes, adoptando uma estratégia multifacetada de suplementação de nutrientes e água.
- Estudar a aplicação do VAM e estabelecer eficiências de absorção utilizando medidas de conservação da humidade do solo (SMC) e técnicas de gestão da zona radicular (RZM).
- Descobrir a perceção dos cultivadores em relação a diferentes padrões de cultivo actuais e, assim, analisar o âmbito e a economia do cultivo.
- Desenvolver o plano de ação para encorajar os gestores agrícolas a

optarem por uma cultura rentável de *Jatropha*.

A dissertação é composta pelas seguintes partes.

Capítulo 1 A "Introdução" contém uma descrição do estado da arte da *Jatropha*. O objetivo é dar ao leitor uma visão clara sobre a planta '*JATROPHA*' e a sua importância.

Capítulo 2 A "Revisão da Literatura" apresenta uma revisão da literatura sobre a planta *Jatropha*. Esta recolha de dados e informações permite-nos discutir (i) a história da planta, (ii) a importância da planta como planta medicinal, inseticida, ornamental, etc., (iii) as condições ambientais que promovem o crescimento da planta.

Capítulo 3 A "Metodologia" consiste nos aspectos metodológicos do trabalho explicados em pormenor.

Capítulo 4 "Resultados" explica os resultados obtidos a partir das observações efectuadas durante o estudo e apresenta uma síntese das principais conclusões, que serão explicadas em pormenor.

Capítulo 5 "Discussão" discute os resultados do presente trabalho em comparação com os trabalhos anteriores.

Capítulo 6 "Resumo e Conclusões" inclui as conclusões retiradas do trabalho e também várias sugestões para utilização futura, lacunas de conhecimento remanescentes e recomendações políticas.

CAPÍTULO 2

R E V I S Ã O D A L I T E R A T U R A

O rápido esgotamento das reservas de combustíveis fósseis e o aumento dos preços do petróleo levaram à procura de alternativas. Para proteger o ambiente global e garantir a segurança energética a longo prazo, torna-se necessário desenvolver combustíveis alternativos com propriedades comparáveis às dos combustíveis derivados do petróleo. A este respeito, os biocombustíveis líquidos têm atraído o mundo e muitas podem ser as culturas adequadas: culturas açucareiras (cana-de-açúcar, beterraba sacarina, sorgo sacarino), culturas amiláceas (milho, trigo, cevada, centeio, batata, mandioca) e material celulósico (erva-de-são-joão, *mischantus,* salgueiro, choupo, feno) para a produção de etanol: culturas oleaginosas (colza, óleo de palma, soja, girassol, amendoim, *Jatropha*) para a produção de biodiesel (da Schio, B., 2010).

Do mesmo modo, *a Jatropha* atraiu muitos países para a recuperação de terrenos baldios (Kumar et al. 2011). *A* este respeito, *a Jatropha curcas* L. assume uma posição especial. *A Jatropha* é uma pequena árvore tropical que produz frutos e sementes oleaginosas. O óleo é tóxico e não é adequado nem para o consumo humano nem para o consumo animal (Makkar e Becker 1998). As primeiras afirmações (Roy 1998, Roy e Kumar 1990) diziam que a resistência à seca, a não palatabilidade, a adequação a várias condições climáticas e de solo, a taxa de crescimento mais rápida e a natureza perene são os outros caracteres preferíveis para a seleção de J.curcas. Estas afirmações elevaram *a Jatropha* ao estatuto de árvore milagrosa, sendo apregoada pela sua capacidade de produzir biodiesel, recuperar terrenos baldios e melhorar o desenvolvimento socioeconómico (Francis et al. 2005). O entusiasmo desencadeou muitos investimentos na cultura *da Jatropha.* Vários países depositaram grandes esperanças na *Jatropha* para atingir os objectivos nacionais de mistura. A Índia pretende utilizar *a Jatropha* para atingir uma mistura de 20% de biodiesel com gasóleo fóssil até 2017 (Agoramoorthy et al. 2009; Leduc et al. 2009). Em 2008, *a Jatropha* ocupava 936 000 ha a nível mundial. Prevê-se que esta área atinja 4 720 000 ha em 2010 e 12 800 000 ha em 2015 (GEXSI 2008). Com base nas estatísticas fornecidas pela National Biodiesel Mission, em Andhra Pradesh, 12 distritos foram propostos para plantações *de Jatropha*, cobrindo um bloco de 15000 hactares em cada distrito. O Instituto de Energia e Recursos do estado meridional de Andhra Pradesh propôs cultivar 8 000 ha de terrenos baldios com esta cultura.

A J. curcas, ou "pinhão manso", não exige o tipo de solo e pode ser cultivada bem em solos degradados com baixa fertilidade e humidade e também em solos pedregosos, pouco profundos e até mesmo em solos calcários (Jingura et al. 2011), mas falha em solos salinos e alagados. Pode tolerar temperaturas extremas elevadas, mas teme a geada, que causa danos imediatos (Gour 2006). Sendo uma suculenta que perde as suas folhas durante a estação seca (Wiesenhuetter, 2003), está bem adaptada a condições semi-áridas, sem irrigação e pode tolerar um amplo espetro de regimes de precipitação, de 250 a 3000 mm por ano (The Biomass Project, 2000 e Kheira et al, 2009). Embora esteja bem adaptada a solos marginais com baixo teor de nutrientes, o azoto e o fósforo são mais essenciais para obter um rendimento elevado (Foidl et al, 1996) e a aplicação de inoculação micorrízica mostrou um aumento de 30% tanto na biomassa como na produção de sementes (Tewari, 2007).

O termo "*Jatropha*" é geralmente usado para se referir à espécie *J. curcas*, embora existam aproximadamente 170 espécies conhecidas da planta (Dehgan, 1984), das quais apenas 17 são vistas na Índia.

Pode crescer de 3-5m, mas pode atingir uma altura de até 8 ou 10 metros em condições favoráveis (NBARD, 2006). A planta é monóica, ocasionalmente ocorrem flores hermafroditas. As inflorescências terminais contêm flores unissexuais. A proporção de flores masculinas e femininas varia entre 13:1 e 29:1 e diminui com a idade da planta. Normalmente, *a Jatropha* floresce apenas uma vez por ano durante a estação das chuvas (Raju e Ezradanam 2002). Em regiões permanentemente húmidas ou em condições de regadio, *a Jatropha* floresce ao longo do ano, mas parece ser sazonal em zonas semi-áridas. A polinização parece ser efectuada por abelhas e escaravelhos (Bhattacharaya et al., 2005) e traças (Henning, 2007). Na floração, as flores femininas abrem um ou dois dias antes das masculinas; as flores masculinas duram apenas um dia. Após a polinização, as inflorescências formam um cacho de frutos elipsoidais verdes (Tewari 2007). O fruto é uma cápsula amplamente elipsoide, com 2,5-4 cm de comprimento, de pele lisa, contendo duas ou três sementes elipsoides, de cor preta mosqueada e grosseiramente esburacadas, que se assemelham a feijões pretos de dimensões semelhantes, com cerca de 1-2 cm de comprimento. O peso médio por 1000 sementes é de cerca de 500~800 g, o que equivale a 1333 sementes por kg, que se assemelham a feijões pretos com dimensões semelhantes, com cerca de 18 mm de comprimento e 10 mm de largura. O revestimento das sementes constitui cerca de 35~40% do total das sementes. O teor de óleo das sementes varia de 35 a 40% e o do miolo de 55 a 60%.

A amêndoa, que constitui 60-68% do peso da semente, contém óleo em cerca de 46-58% do peso da amêndoa e 30-40% do peso da semente. O óleo é utilizado para iluminação sem fumo, substituto do gasóleo, querosene, lubrificantes, sabões e fabrico de velas (Wani et al, 2006). Pode ser utilizado como óleo para o cabelo e tem aplicação no gado contra feridas. Sendo uma excelente fonte de adubo orgânico, contém 3,2% de azoto, 1,4% de fósforo e 1,2% de potássio.

A não-palatabilidade, a adequação a várias condições climáticas e de solo, a fácil propagação, a taxa de crescimento mais rápida e a natureza perene são as outras caraterísticas preferíveis para a seleção da espécie *J. curcas* como uma potencial cultura de biocombustível (Takeda, 1982; Martin e Mayeux, 1984, 1985; Jones e Miller, 1991).

Gunstone, 1994, referiu que o teor de óleo da amêndoa *de Jatropha* era mais elevado (63,16%) do que o da semente de linhaça, soja e palmiste, que é de 33,33%, 18,35% e 44,6%, respetivamente.

Pramanik, 2003, referiu que se verificou que o óleo *de Jatropha* tem uma viscosidade próxima da do gasóleo. Foi estabelecido que o óleo de pinhão-manso a 50% pode assim ser substituído por gasóleo para utilização num motor de ignição por compressão sem grandes dificuldades operacionais.

Barua, 2011, referiu que o óleo *de p*inhão-manso bruto apresentava uma eficiência térmica ligeiramente reduzida, emissões de fumo mais elevadas e um aumento das emissões de hidrocarbonetos e de monóxido de carbono.

2.1. Importância da *Jatropha*:

2.1.1. Utilização medicinal:

O pinhão-manso é conhecido como pinhão manso ou purgante, devido à sua utilização como purgativo/laxante, e é amplamente conhecido como medicamento para o tratamento de uma variedade de doenças. As preparações de todas as partes da planta, incluindo as sementes, as folhas e a casca, frescas ou sob a forma de decocção, são utilizadas na medicina tradicional e para fins veterinários (Dalziel, 1955; Duke, 1985, 1988, Rajore S e A Batra, 2003). O extrato metanólico das folhas *de Jatropha* mostrou uma ação cardiovascular potente em animais e pode ser uma fonte de agente beta-bloqueador para os seres humanos. A seiva que flui do caule é utilizada para controlar a hemorragia de feridas. O látex da *Jatropha* contém alcalóides, incluindo Jatrofina, *Jatrofam* e curcaína, com propriedades anticancerígenas (Van den Berg et al., 1995; Thomas et al., 2008). As raízes são relatadas como um antídoto para picadas de cobra (Gubitz et al, 1999). A atividade anti-inflamatória do pó da raiz de J. curcas L. em forma de pasta foi confirmada através da investigação realizada em ratos albinos por Mujumdar e Misar (2004). O óleo tem uma forte ação purgativa e é amplamente utilizado para tratar doenças de pele e para aliviar a dor do reumatismo (Marroquin et al., 1997). O teor de 36% de ácido linoleico (C18:2) no óleo de semente de *Jatropha* é de possível interesse para os cuidados da pele. Estão em curso investigações sobre o potencial desta planta contra o VIH.

O óleo de curcas possui propriedades purgativas (dose de urgência de 0,3 a 0,6 cc ou 5 a 10 ml). Difere do óleo de rícino pelo facto de ter uma baixa viscosidade. É utilizado como aplicação externa para doenças de pele e reumatismo, é considerado abortivo e também eficaz em hidropisia, ciática e paralisia.

Os galhos tenros da planta também são utilizados para limpar os dentes. Diz-se que o sumo alivia a dor de dentes e fortalece as gengivas. O sumo das folhas é utilizado como aplicação externa para as hemorróidas. Também é aplicado para inflamações da língua em bebés. A seiva do ramo é considerada estípica e utilizada para tratar feridas e úlceras. Diz-se que uma emulsão da seiva com benzoato de benzilo é eficaz contra a sarna, o eczema húmido e as dermatites (Dalziel, 1955; Duke, 1988). Uma decocção de folhas e raízes é administrada para diarreia. Diz-se que a raiz contém óleo amarelo com uma forte ação anti-helmíntica. A casca da raiz é utilizada para aplicação externa em feridas. Uma decocção da casca é administrada para reumatismo e lepra.

2.1.2. Utilizações industriais:

A casca de J. curcas produz um corante azul escuro que é utilizado para colorir tecidos, redes de pesca e linhas. O corante pode ser extraído das folhas e dos caules tenros e concentrado até formar um xarope amarelado ou seco até formar uma massa grumosa castanha escura. O corante confere ao algodão diferentes tonalidades de bronzeado e castanho, que são bastante rápidas.

O óleo *de Jatropha* tem um valor de saponificação muito elevado e está a ser amplamente utilizado para fazer sabão na Índia e noutros países. Atualmente, o óleo *de Jatropha* curcas está a ser importado para satisfazer a procura da indústria cosmética. Na China, prepara-se um verniz fervendo o óleo com ferro

Óxido. Nas aldeias, é utilizado como iluminante, pois queima bricantes e velas, tal como acontece com o óleo de rícino. É utilizado para a fiação de lã em Inglaterra. A proteína contida no bagaço de óleo *de Jatropha* pode ser utilizada como matéria-prima para plásticos e fibras sintéticas. Também seria vantajoso utilizar o óleo *de Jatropha* como óleo hidráulico (Gubitz et al, 1999).

2.1.3. Potencial de enriquecimento do solo:

O bagaço de óleo *de Jatropha* é rico em azoto, fósforo e potássio e pode ser utilizado como adubo orgânico. Este facto indicou o potencial desta planta para iniciar o processo de redução dos excedentes de gado mantidos pela população rural na Índia, principalmente com o objetivo de obter estrume de vaca como adubo. Os ramos tenros e as folhas são também utilizados como estrume para os coqueiros. As folhas de *Jatropha* curcas fornecem matéria orgânica abundante e aumentam a atividade microbiana, incluindo as minhocas, o que é uma indicação de melhoria ecológica do local (Gubitz et al, 1999).

2.1.4. Potencial como matéria-prima para alimentação animal:

As folhas *de Jatropha* são utilizadas como alimento para o bicho-da-seda. O bagaço de óleo é rico em proteínas mas contém um princípio tóxico e, como tal, é considerado impróprio para utilização como alimento para o gado. No entanto, há informações de que o princípio tóxico parece existir na fração solúvel em álcool do óleo. Com investigação adequada, poderia ser possível converter o bagaço de óleo não comestível em alimentos ricos em proteínas para gado e aves de capoeira numa escala maciça (Gubitz et al, 1999).

2.1.5. Potencial como inseticida/pesticida:

As sementes são consideradas anti-helmínticas no Brasil. São moídas com óleo de palma e utilizadas como veneno para ratos no Gabão. O extrato aquoso das folhas é considerado como tendo propriedades insecticidas. No Gana, as folhas são utilizadas para fumigar casas contra percevejos. O extrato de éter mostra atividade antibiótica contra *Staphylococcus aureus* e *Escherichia coli*. O sumo de toda a planta é utilizado para estupefação de peixes nas Filipinas (Gubitz et al, 1999).

Os extractos de todas as partes do pinhão manso revelaram propriedades insecticidas nas plantas (Grainge e Ahmed, 1988; Consoli et al., 1989; Jain e Trivedi, 1997; Meshram et al., 1994). A maioria das experiências efectuadas ainda se encontra em fase experimental. O óleo e o extrato aquoso do óleo têm potencial como inseticida. Por exemplo, foi utilizado no controlo de pragas de insectos do algodão, incluindo o bicho-do-algodoeiro, e em pragas de leguminosas, batata e milho (Kaushik e

Kumar, 2004). A ação pesticida do óleo de sementes é também objeto de investigação do Instituto Internacional de Investigação das Culturas para os Trópicos Semi-Áridos, na Índia.

2.1.6. Potencial como cultura agroflorestal rentável:

Devido às suas múltiplas utilizações, existe um potencial ilimitado para uma comercialização alargada e conveniente do óleo *de Jatropha*, tanto no mercado interno como no externo. Tem um potencial ilimitado de substituição de importações e de exportação para outros países, para a indústria cosmética e como combustível para veículos. A tecnologia simples e rentável de cultivo *da Jatropha*, com ou sem irrigação, torna-a uma cultura agroflorestal promissora e lucrativa, tanto em condições de sequeiro como de regadio, assegurando uma utilização óptima da terra, do homem e do ambiente.

energia, água e recursos financeiros. Trata-se de uma cultura com baixo investimento de capital, curto período de gestação, longo período produtivo, potencial ilimitado de emprego nas zonas rurais; potencial para certos activos produtivos; impulsionar indústrias baseadas em aldeias; fornecer energia não convencional de forma descentralizada e, acima de tudo, ter um potencial para o desenvolvimento de terrenos baldios (Gubitz et al, 1999).

O biodiesel produzido localmente diminui a dependência do país de energia estrangeira e pode empregar centenas ou milhares de trabalhadores, criando novos postos de trabalho nas zonas rurais, e o cultivo de plantas de biodiesel irá impulsionar a economia rural (Mane, 2013)

2.1.7. Potencial como cultura energética não convencional:

O óleo de pinhão-manso é uma fonte de energia não convencional segura para o ambiente, rentável e renovável, sendo um substituto promissor da energia hidráulica, do gasóleo, do querosene, do GPL, do carvão e da lenha, etc. As propriedades do combustível do óleo *de Jatropha* assemelham-se muito às do gasóleo. Verificou-se que a gravidade específica do óleo de Jatropha é de 0,9180 (gr/ml) em comparação com a do gasóleo, que é de 0,8410 (gr/ml). O valor calorífico do óleo *de Jatropha* é de 41 MJ/kg e o do gasóleo é de 45 MJ/kg (Rosenblum, 2000 e Gubitz, 1999).

Do mesmo modo, foi referido que o ponto de inflamação do óleo *de Jatropha* e do gasóleo é de 240° e 50 °C, respetivamente. Além disso, o número de cetano do bio-óleo e do gasóleo é de 51 e 50, respetivamente. Da mesma forma, o peso de enxofre (%) do óleo *de Jatropha* e do gasóleo é de 0,13 e 1,2, respetivamente (Radich. 2004, Gubitz. 1999)

2.1.8. Potencialidade como adubo:

O subproduto da extração de óleo das sementes e dos grãos é designado por bagaço de sementes. A torta de sementes *de pinhão-manso* contém curcina, uma proteína altamente tóxica semelhante à ricina da mamona, o que a torna inadequada para a alimentação animal. No entanto, tem potencial como bom adubo orgânico (Staubmann et al., 1997; Gubitz et al., 1999), substituindo o fertilizante químico, uma vez que tem um teor de azoto (Kumar e Sharma, 2008) semelhante ao da torta de óleo de nim, da mamona e do estrume de vaca/galinha. O teor de azoto varia de 3,2 a 3,8% (Julliet et al., 1955; Moreira, 1979; Vohringer, 1987).

2.2. Pragas e doenças:

As pragas mais comuns incluem: inseto scutellarídeo (*Scutellera nobilis*), broca da inflorescência e da cápsula (*Pempelia morosalis*), mineiro de bolhas (*Stomphastis (Acrocercops) thraustica*), semi-louca (*Achaea janata*), escaravelho da flor (*Oxycetonia versicolor*). A infestação por térmitas também foi registada em árvores com excesso de idade. Algumas das doenças registadas na *Jatropha* incluem: podridão radicular (*Clitocybe tabescens*), mancha foliar (*Colletotrichum gloeosporioides*), ferrugem (*Phakopsora jatrophicola*), doença do superlongamento da mandioca (*Sphaceloma manihoticola/Elsinoe Brasilinesis*). No Zimbabué e no Quénia, o oídio danifica as folhas e as flores, a Alternaria provoca a queda prematura das folhas e os escaravelhos dourados comem as folhas jovens e os rebentos. Foram registados os escaravelhos vermelhos e dourados (*Podagrica* spp.) e o fungo "frogeye" (*Cercospera* spp.), que é comum nas plantas de tabaco.

2.3. Métodos de plantação:

(i) **Plantação direta**: As terras devem ser lavradas uma ou duas vezes, consoante a natureza do solo. No caso de solos pesados, deve proceder-se a uma lavoura profunda, ao passo que, no caso de solos ligeiros, é suficiente uma lavoura superficial. A semente/corte deve ser plantada no campo principal com o início da monção. Devem ser colocadas duas sementes. Quando as plântulas tiverem 4 semanas de idade, as plântulas mais fracas devem ser removidas para reter uma semente saudável em cada vaso e as plântulas assim removidas podem ser usadas para preencher as lacunas (Gubitz et al, 1999).

(ii) . **Transplantação**: O campo principal é preparado cavando pequenas covas de 30 x 30 x 30 cm com um espaçamento especificado. As covas são preenchidas com solo e composto ou estrume orgânico a 400 g por cova. Sacos de polietileno de um quilograma preenchidos com solo e mistura de estrume orgânico 7:10:05 à taxa de 100 g por saco de polietileno mais 400 g de solo. Em cada saco de polietileno devem ser semeadas duas sementes, com cerca de 6 cm de profundidade, e a rega deve ser feita regularmente. Quando as plântulas tiverem cerca de 4 semanas, as mais fracas das duas plântulas devem ser removidas e usadas para preencher as lacunas (Gubitz et al, 1999).

2.4. Espaçamento e densidade de plantas:

O espaçamento das sementes tem um grande impacto no rendimento e nas propriedades do solo. A densidade de plantas também influencia o crescimento e a produção de sementes da planta. Em terrenos baldios alimentados pela chuva, plantações de alta densidade a 2 × 1m ou 1,5 × 1,5m acomodando 5000 ou 4444 plantas por hectare respetivamente, era desejável (Radich, 2004; Gubitz et al 1999). As distâncias de plantação de 2×2 m (2500 plantas ha^{-1}), 2.5×2.5 m (1600 plantas ha^{-1}) ou 3×3 m (1111 plantas ha^{-1}) são práticas comuns.

Adriaans et al, 2006 sugeriram um espaçamento de 3×3m para um melhor rendimento, uma vez que uma vegetação mais densa afecta o rendimento das sementes. Chikara et al, 2007 relataram que a produção de sementes por planta está negativamente correlacionada com a densidade de plantas, mas a produção de sementes numa base de área está positivamente correlacionada com a densidade de plantas, uma vez que a ramificação adicional em situações de baixa densidade de plantas, pode aumentar consideravelmente o número de frutos por base de área. Para práticas de consociação, o espaçamento pode variar, como 5x2m ou 4,5x3 m ou 6x6 m.

Achten, 2010, referiu que um espaçamento estreito conduzirá a um fecho rápido da copa, o que resulta numa maior competição por água e luz e numa menor relação fruto: biomassa no estádio maduro. Quando se planta *pinhão-manso* para a construção de cercas vivas ou sebes para a conservação do solo, é necessária uma biomassa densa e é adequado um espaçamento estreito. Quando o objetivo da plantação é a produção de óleo, as plântulas devem ser plantadas com uma largura suficiente para garantir uma elevada produção de sementes no estádio maduro, mas suficientemente perto para evitar uma perda inaceitável da capacidade fotossintética no estádio juvenil.

Relatórios anteriores de Chaudhury et al. 2007 e Patolia et al. 2007, revelaram que o crescimento e a produção de sementes aumentaram com o aumento da densidade da planta .

Penjit et al., 2011 relataram que o espaçamento foi o fator importante juntamente com o programa de gestão de corte para o cultivo de longa duração. O espaçamento de 2×2 m e 2×3 m deu um alto rendimento de 129,2 e 127,1 kg/rai para o primeiro ano de cultivo.

Jepsen et al., (2004), revelaram que *a Jatropha* é uma planta de arranque rápido e não precisa de estrume para germinar; no entanto, uma vez iniciada a germinação, o estrume tem um impacto positivo no crescimento. As distâncias de plantação de 2 × 2 m (2500 plantas ha $^{-1}$), 2,5 × 2,5 m (1600 plantas ha $^{-1}$) ou 3 × 3 m (1111 plantas ha $^{-1}$) são práticas comuns (Heller 1996).

Kaushik e Kumar (2006) propuseram a utilização de padrões de espaçamento mais largos (4×2 m e 4×3 m) e sistemas agro-florestais (espaçamento 5×2 m e 6×6 m) para otimizar o rendimento de plantas individuais *de Jatropha.*

Em plantações com 2,5 anos, observou-se que, com o aumento do espaçamento, a produção de sementes por árvore $^{-1}$ aumentou significativamente, enquanto a produção de sementes por hectare ($^{-1)}$ diminuiu (Chikara et al. 2007). O espaçamento recomendado em sebes para a conservação do solo é de 15-25 cm dentro e entre (no caso de vedação dupla) linhas (4000-6700 plantas km $^{-1}$) (Openshaw 2000).

Para plantar 1 hectare, são suficientes cerca de 5 a 6 kg de sementes. A distância entre as duas linhas deve ser de 2 metros e a distância entre duas plantas também deve ser de 2 metros. Este espaçamento permite a plantação de 2500 plantas/ha em condições de regadio ou de regadio parcial. Em terrenos baldios alimentados pela chuva, plantações de alta densidade a 2m x 1m ou 1,5 x 1,5 metros acomodando 5000 ou 4444 plantas por hectares respetivamente, era desejável (Radich, 2004; Gubitz et al, 1999).

2.5. Propagação e estabelecimento de plantações:

A Jatropha é facilmente propagada por métodos generativos (sementeira direta ou plântulas pré-cultivadas) e vegetativos (plantação direta de estacas) (Henning 2000).

Recomenda-se a sementeira em viveiro ou a sementeira direta com tratamento de sementes. Sugere-se a imersão das sementes em água fria durante 24 horas para uma germinação melhor e mais rápida (Kaushik et al., 2007) e, no início das chuvas, as plântulas podem ser plantadas no campo. Sementes pré-embebidas (24 horas em água fria) germinam em 7-8 dias em ambiente quente e húmido, enquanto o processo continua durante 10-15 dias (Gour 2006).

Um estudo sobre o aumento da germinação de sementes *de Jatropha* mostrou melhores resultados para a pré-embebição em chorume de estrume de vaca durante 12 h (96% de germinação). O tratamento tradicional com água fria durante 24 horas mostrou 72% de germinação.

Nos sistemas agroflorestais e de culturas intercalares, a sementeira direta deve ser preferida às plantas *de Jatropha* pré-cultivadas, uma vez que se acredita que a raiz axial das plantas semeadas diretamente penetra em camadas mais profundas do solo (Jongschaap et al. 2007). Se se pretende obter uma produção precoce de sementes, também se pode recorrer à plantação direta de estacas.

Kaushik & Kumar (2006) referiram que a percentagem de sobrevivência depende da origem do material de origem (topo, meio ou base do ramo) e da combinação de comprimento e diâmetro da estaca. O seu estudo mostrou uma percentagem de sobrevivência de 42% quando o topo dos ramos foi utilizado como estaca, enquanto as estacas do meio (72%) e da base (88%) apresentaram resultados de sobrevivência significativamente melhores. O produto das dimensões do comprimento e do diâmetro das estacas utilizadas também teve uma correlação positiva com a percentagem de sobrevivência.

As estacas podem ser plantadas diretamente no campo ou em canteiros de viveiro ou em sacos de polietileno para o desenvolvimento das primeiras raízes (Kaushik e Kumar 2006). Devem ser colocadas a 10-20 cm no solo, dependendo do seu comprimento e diâmetro. A plantação de estacas é melhor efectuada na estação das chuvas (Gosh e Singh 2007).

Usando a propagação generativa, recomenda-se a sementeira direta no início da estação das chuvas, depois das primeiras chuvas quando o solo está húmido, porque ajuda a desenvolver um sistema de raiz axial saudável (Gour 2006). As plântulas podem ser pré-cultivadas em sacos ou tubos de polietileno ou em canteiros de sementes em condições de viveiro. Observa-se que o uso de sacos ou tubos de plástico induz a formação de nódulos radiculares e o crescimento da espiga (Severino et al. 2007). No viveiro, as sementes devem ser semeadas três meses antes da estação das chuvas num solo com uma alta concentração de material orgânico (solo franco-arenoso - composto na proporção de 1:1 (Kaushik e Kumar 2006); no caso de solos mais pesados, é adicionada areia: areia - solo - composto na proporção de 1:1:2 (Gour 2006); areia - solo - estrume de quintal na proporção de 1:1:1

(Singh et al. 2006) e devem ser bem regadas (Henning 1998).

2.6. Tipo de plantação de *Jatropha*:

A plantação de *Jatropha* pode ser feita em monocultura, em consórcio ou como cerca viva. A principal razão por detrás da cultura intercalar é a geração de rendimentos extra durante os primeiros anos de plantação. A cultura intercalar serve também para o controlo de ervas daninhas, sombreamento, fornecimento de matéria orgânica e disponibilidade de nutrientes de solos mais profundos. Dependendo do clima, são utilizadas várias culturas para a cultura intercalar.

Munyao et al, 2013 relataram que o rendimento foi comparativamente maior da monocultura após o segundo ano de plantação em comparação com a cultura intercalar ou como sebe.

Loos, 2009 afirmou que o desenvolvimento da planta foi considerado melhor quando plantada em dezembro ou no início de janeiro. Isto permite que a planta germine e transplante plântulas duplas antes de entrar demasiado tempo na estação seca .

A planta pode ser facilmente propagada por plântulas e por estacas vegetativas (Kaushik e Kumar (2006) referiram que a percentagem de sobrevivência por meios vegetativos depende da origem do material de origem, ou seja, a parte do ramo e o comprimento e diâmetro da estaca. O seu estudo revelou uma percentagem de sobrevivência de 42% quando a parte superior dos ramos foi utilizada como estaca, enquanto as estacas do meio (72%) e da base (88%) apresentaram resultados de sobrevivência significativamente melhores. O seu estudo revelou também que o produto do comprimento e da dimensão do diâmetro das estacas utilizadas tinha uma correlação positiva com a percentagem de sobrevivência.

Heller (1996) verificou que as estacas com um diâmetro de pelo menos 30 mm produziam mais cedo e com maior rendimento inicial do que as plantas cultivadas a partir de sementes, embora se tenha registado pouca ou nenhuma diferença de rendimento nas colheitas posteriores. No entanto, as estacas retiradas de plantas cuidadosamente escolhidas, com maior potencial de produção, provavelmente continuarão a produzir mais do que as plantas cultivadas a partir de sementes. A criação de plântulas a partir de cultura de tecidos está a ser investigada e foram desenvolvidos protocolos mas, como se trata de uma planta produtora de látex, o procedimento não é simples.

Heller (1996) também referiu que as plantas cultivadas em viveiro a partir de sementes e estacas e a plantação direta de estacas têm uma taxa de sobrevivência mais elevada (mais de 80%) do que a sementeira direta no campo (<50%). As plantas propagadas por sementes são preferidas para o estabelecimento de plantações de longa duração para a produção de óleo.

As plântulas apresentaram uma melhor sobrevivência do que as estacas, mas os tratamentos do solo tiveram mais ou menos o mesmo efeito na sobrevivência (Hofelena e Martinez, 2008).

Isto foi apoiado por Severino et al. 2007, que descreveram o facto de as plantas propagadas vegetativamente não desenvolverem uma raiz axial, mas apenas um tapete radicular superficial (o que leva a uma competição mais superficial por água e nutrientes).

Jongschaap et al. 2007 revelaram que a raiz axial de plantas propagadas generativamente terá mais acesso a nutrientes de camadas mais profundas do solo e pode alcançar recursos hídricos mais profundos.

2.7. Cultivo de *Jatropha*:

O cultivo de árvores *de Jatropha* para a produção de frutos oleaginosos é considerado o primeiro passo para a produção de biodiesel. Os principais factores de produção são a área de terreno, incluindo as caraterísticas predominantes do local, as práticas de estabelecimento da plantação e as práticas de gestão da plantação.

2.7.1. Requisitos do sítio:

A elevada adaptabilidade ecológica da *Jatropha* 's permite-lhe crescer numa vasta gama de condições (Jingura e Raphael, 2011). Sendo uma suculenta que perde as suas folhas durante a estação seca, *a Jatropha* está bem adaptada a condições semi-áridas, embora condições ambientais mais húmidas mostrem resultar num melhor desempenho das culturas, mas a sua ocorrência tem sido observada numa gama de precipitação entre 250 mm e 3000 mm (Foidl et al. 1996).

O pinhão-manso pode crescer numa grande variedade de solos. Os solos arenosos ou de cascalho bem drenados e com bom arejamento são os preferidos. Em solos pesados, a formação de raízes é dificultada (Heller 1996). O crescimento em solos bem arejados é muito eficaz. O pH ótimo de reação é considerado entre 6 e 8,5. A planta adapta-se bem a solos marginais com baixo teor de nutrientes, mas para suportar uma elevada produção de biomassa, a cultura apresenta uma elevada necessidade de fertilização com azoto e fósforo (Ouwens et al., 2007). O crescimento das plantas depende da fertilidade do solo e da precipitação. Um baixo nível de nutrientes conduzirá a um maior fracasso no desenvolvimento das sementes (Gubitz et al., 1997).

A profundidade do solo deve ser de pelo menos 45 cm (Gour 2006) e a inclinação da superfície não deve exceder 30° (Tewari 2007). *O pinhão-manso* tem baixas necessidades nutricionais, mas o pH do solo não deve exceder 9 (Tewari 2007) e em solos muito ácidos. *O pinhão-manso* pode necessitar de alguma fertilização com Ca e Mg. *O pinhão-manso* está bem adaptado a solos marginais com baixo teor de nutrientes, mas para suportar uma elevada produção de biomassa, a cultura apresenta uma elevada necessidade de fertilização com azoto e fósforo (Foidl et al. 1996).

Os melhores solos para a *Jatropha* são areias e margas arejadas com uma profundidade mínima de 45 cm (Gour, 2006). Existem provas no noroeste da Índia de que *a Jatropha* é tolerante à água de irrigação salina, embora o rendimento nestas condições não esteja documentado (Dagar et al., 2006).

Estudos realizados por Francis e Becker (2004), Singh et al. (2006) e Jingura (2011), referem que *a Jatropha* não tem qualquer tipo de solo e pode crescer em solos pobres em nutrientes, em terrenos baldios, exceto em zonas propensas a inundações e zonas alagadas. Cresce em todo o lado, mesmo em solos gravosos, arenosos, ácidos e alcalinos.

Wiesenhuetter, 2003 referiu que pode desenvolver-se mesmo nos solos rochosos mais pobres, mas com reduzida formação de raízes. Também referiu que a idade da planta influencia o rendimento das sementes e que, na Índia, o rendimento de até 12 t/ha de sementes não descascadas foi alcançado com irrigação, a partir do 6º ano de plantação.

A elevada adaptabilidade ecológica da *Jatropha* 's permite-lhe crescer numa vasta gama de condições. Os estudos efectuados por Singh et al (2006), FACT (2006), Tewari (2007) e Kheira e Atta (2009) mostraram que os solos ácidos e os solos com elevada alcalinidade (pH>9) não eram adequados para a

A cultura *da Jatropha* e o pH devem situar-se entre 6,0 e 8,5.

Um estudo realizado por Niu et al, (2012) revelou que *a Jatropha* não é tolerante à salinidade e que o seu rendimento seria reduzido quando cultivada em terrenos afectados pelo sal, como os terrenos marginais. O stress salino reduziu significativamente o crescimento e o desenvolvimento da planta e uma salinidade mais elevada causou danos nas folhas.

Silva et al, (2010) relataram que o crescimento físico, bem como o rendimento das sementes, será fortemente reduzido em condições salinas.

2.7.2. Necessidade de água:

Uma das principais vantagens da *Jatropha*'s é a sua resistência à seca e a sua baixa necessidade de água. A capacidade de cultivar *Jatropha* em condições de seca e o aumento do coberto vegetal em terras degradadas permitem canalizar a água, que anteriormente se evaporava do solo, para uma transpiração positiva. No entanto, um impacto negativo deste facto é que o aumento da evapotranspiração das plantações provoca uma diminuição do abastecimento de água a jusante.

A utilização da irrigação para as plantações *de Jatropha* exerce pressão sobre os recursos limitados em zonas com escassez de água; é necessária uma gestão eficiente da água para otimizar a utilização dos escassos recursos. Existem cálculos da pegada hídrica total da *Jatropha*, mas estes variam muito. De acordo com Gerbens-Leenes (2009), a utilização da água para a produção de biodiesel *de Jatropha* na Índia é muito ineficiente e a produção de um GJ de energia requer 600 m^3 de água, o que equivale a 20 000 litros de água por litro de biodiesel.

A Jatropha pode ser cultivada em habitats de zonas tropicais/subtropicais, com uma precipitação adequada de 200-1500 mm/ano. O caule permanece fotossinteticamente ativo e, neste estado, a planta pode sobreviver sem chuva durante mais de um ano. Existem vários relatórios em conformidade com a afirmação anterior, como The Biomass Project (2000) e Fact (2009a).

Vários outros relataram (Kheira e Atta, 2009 e Achten et al, 2010) que a seca induziu reduções no crescimento e rendimento da *Jatropha* em várias condições de crescimento. A irrigação deficitária diminuiu o crescimento e o desenvolvimento das plantas *de Jatropha*, mas as plantas continuaram a crescer mesmo irrigadas com apenas 30% do consumo diário de água.

A fotossíntese líquida não foi afetada pelo stress ligeiro a moderado, mas caiu abruptamente com o stress severo, o que pode ser devido à redução da condutância estomática. (Helena Sapeta et al., 2013)

Wahl et al (2009) e Montobbio PA et al (2010) relataram que a irrigação contínua favorece a alta produtividade e também o número de frutos secos por planta. O número de sementes por planta foi quase o dobro nas plantas irrigadas quando comparadas com as plantas não irrigadas de sequeiro.

Prajapati e Prajapati (2005) estimaram a produção *de Jatropha* em condições de sequeiro e de regadio na Índia. Após 5 anos, a produção por árvore variou entre 1,2 quilogramas em condições de sequeiro e 3,2 quilogramas em condições de regadio. O rendimento em condições de sequeiro é cerca de 40% superior ao de regadio, o que implica que *a Jatropha* pode ser cultivada em terras semi-áridas, mas requer um certo nível de precipitação para produzir rendimentos elevados.

Francis et al (2005) relataram que o rendimento varia significativamente dependendo da entrada de água, que determina o número de períodos de frutificação por ano, que pode variar de um a três.

Os estudos de Chaudhury et al. (2007) também revelaram que a aplicação de nutrientes e água em solos pobres aumenta a produção.

2.7.3. Necessidade de nutrientes:

Patolia et al, (2007) também relataram que o rendimento de sementes de *Jatropha* foi significativamente influenciado pela aplicação de fertilizantes azotados e fosfóricos. Na sua experiência, registou um maior rendimento de sementes com a aplicação combinada de 60 kg de N ha^{-1} e 30 kg de P2O5 ha^{-1}.

Loos, (2009) relatou no seu estudo que, se *a Jatropha* for plantada em solo fértil, desenvolve-se melhor do que em solo pobre. O mesmo efeito foi observado com a aplicação de fertilizantes. Em partes dos seus campos, os agricultores experimentaram produtos orgânicos e inorgânicos com diferentes áreas de aplicação como, por exemplo, fertilizante do solo ou fertilizante foliar. Em todos os casos, as plantas tratadas cresceram melhor do que as plantas em partes não tratadas do campo.

Na altura da plantação, deve ser aplicado composto a 2 kg/cova. Depois, dependendo do tipo de solo, deve ser aplicado adubo a 3-5 kg/planta juntamente com NPK perto da coroa seguindo o método do anel antes da monção.

Em geral, a aplicação de super fosfato a 60 kg/acre e alternada com uma dose de 16:40:16 kg/acre de NPK em intervalos de 6 meses melhora o rendimento. A partir do 4° ano, devem ser adicionados 105 superfosfatos extra à dose acima referida. (Barua, 2011)

A gestão da *Jatropha* requer a adição de estrume e NPK à cova de plantação a 2 kg de composto, 20 g de ureia, 120 g de SSP (single surer phosphate) e 16 g de MOP (muriato de potássio) e a ureia deve ser aplicada em duas fracções (1 e 2 meses após a transplantação) a 10 g por planta (Singh et al., 1996).

2.7.4. Associação VAM:

As plântulas *de Jatropha* inoculadas com Micorriza Arbuscular Vescicular (MVA) tiveram maior sobrevivência (%), comprimento do rebento, diâmetro do rebento e peso seco do rebento, da raiz e da planta do que as plântulas não micorrizadas. Também se notou que a taxa de colonização micorrízica diminuiu com o aumento da salinidade (Kumar et al, 2010). A absorção de P, K e micronutrientes aumentou com a inoculação micorrízica (Carvalho, 2007).

Mohapatra e Panda, 2011, verificaram que a aplicação de fertilizante N provou ser benéfica para a *Jatropha* em condições agro-climáticas tropicais num Tropaquept Aérico do leste da Índia.

Foram encontradas no sistema radicular micorrizas que ajudam na absorção de fósforo e microelementos (TERI, 2006). *O pinhão-manso* inoculado com micorriza registou um aumento de 30% na biomassa e na produção de sementes sete meses após a plantação de mudas com um ano de idade (Tewari 2007).

2.7.5. Poda:

A poda correta (2/3 do ramo na fase de dormência, quando as folhas caem) parece ser uma técnica eficaz para induzir novas ramificações. Para dar uma forma arbustiva, a planta deve ser podada durante a primavera (fevereiro-março) até aos 5 anos, incluindo uma poda quando as plantas atingem 1,5 m de altura. Depois disso, a planta deve ser podada acima do nível do solo uma vez em cada 10 anos a 45 cm acima do solo.

Os principais objectivos da poda das árvores de pinhão manso são: 1) controlar a altura da planta e dar uma forma arbustiva; 2) eliminar a dominância apical e estimular a rebentação lateral; e 3) ajudar as plantas a manter o teor de humidade durante a estação seca.

Ratree (2004) estudou o crescimento e a produção de sementes das diferentes variedades de pinhão manso (*Jatropha* curcas L.) testadas num tipo de solo pobre, arenoso e ácido no nordeste da Tailândia e revelou que as estacas de caule para plantação a um comprimento de 90 cm deram a maior produção de sementes. Tanto a lavoura como a não lavoura não tiveram efeitos significativos no rendimento das sementes. Quanto mais longo for o período de armazenamento das sementes, menor será a percentagem da taxa de germinação.

Peer (2010) referiu que a poda deve ser um processo contínuo para selecionar os ramos certos e permitir a entrada de luz solar através do desbaste. Com demasiados ramos, a luz solar não será recebida corretamente e a floração pode ser reduzida. A luz solar também é importante, juntamente com a água e os nutrientes, para a floração.

Alguns estudos efectuados por Euler e Gorriz (2004) e Tigere et al (2006) revelaram que a poda influencia o crescimento da planta, aumentando o número de ramos. Kaushik e Kumar (2006) relataram que, aos seis meses de idade, é útil cortar os rebentos terminais para induzir a ramificação lateral. Recomenda-se a poda dos ramos secundários ou terciários para induzir mais ramos. Uma vez em cada 10 anos, a planta inteira deve ser cortada até ao nível do solo, deixando um cepo de 45 cm.

Dependendo da taxa de crescimento, a poda do ramo principal a 30-45 cm de altura é apropriada (Gour, 2006). Os ramos secundários e terciários devem ser podados no final do primeiro ano para provocar mais ramos. Cada ramo lateral deve ser podado até dois terços da parte superior no segundo ano (Kaushik, 2006). A poda no período seco ou no inverno, depois de as árvores terem perdido as suas folhas, resultará numa forma de árvore mais baixa e mais larga, estimulará uma produção mais precoce de sementes e facilitará a colheita manual. A planta inteira tem de ser cortada uma vez de 10 em 10 anos, deixando um cepo de 45 cm para induzir um novo crescimento e estabilizar a produção. O recrescimento será rápido e as árvores começam a produzir novamente dentro de cerca de 1 ano (Gour, 2006).

Behera et al, 2009 referiu que a poda ajuda a maximizar o número de ramos laterais e a altura óptima da planta para uma melhor biomassa é de 30-45 cm.

Ouwens et al (2007) referiram que o tamanho da copa determina o número máximo de ramos floridos. Árvores grandes numa densidade de plantação baixa ou plantas mais pequenas (anãs) em densidades elevadas (até 10000/ha) podem resultar em ramos floridos suficientes.

Os estudos sobre o efeito da poda por Xeenavong, 2005 provaram no seu estudo sobre o efeito da poda que a poda pode estimular a planta de Física a produzir a maior produção de sementes 6 meses após a poda, enquanto Brittaine e Lutaladio (2010) relataram que a poda durante a estação seca, quando a planta está dormente, ajudou a aumentar a ramificação, resultando no aumento do número de inflorescências nas pontas dos ramos.

2.8. Floração:

J. curcas é um arbusto monoico ou uma pequena árvore, com flores estaminadas (masculinas) e flores pistiladas (femininas) nas mesmas inflorescências (racemo). A inflorescência é uma panícula, com as flores femininas (cerca de 10-20%) nos ápices do caule principal e nos ramos da inflorescência. Existe uma forte correlação entre a reprodução e o crescimento vegetativo (Aker,1997). As flores masculinas abrem durante um período de 8-10 dias, enquanto as flores femininas abrem apenas durante 2-4 dias (Prakash et al, 2007). A aplicação da harmona vegetal GA3 induziu a floração (Kumari e Kumar, 2007).

A planta é monóica, ocasionalmente ocorrem flores hermafroditas (Dehgan e Webster, 1979). As inflorescências terminais contêm flores unissexuais. A proporção de flores masculinas e femininas varia de 13:1 a 29:1 (Raju e Ezradanam 2002) e diminui com a idade da planta (Prakash et al. 2007).

Normalmente, *a Jatropha* floresce apenas uma vez por ano, durante a estação das chuvas (Raju e Ezradanam 2002). Em regiões permanentemente húmidas ou em condições de irrigação, *a Jatropha* floresce quase todo o ano, mas parece ser sazonal em zonas semi-áridas. A polinização parece ser efectuada por abelhas e escaravelhos (Bhattacharaya et al., 2005) e traças (Henning, 2007). Verma e Gaur (2009) referiram que a polinização da *Jatropha* é feita por insectos.

Na floração, as flores femininas abrem um ou dois dias antes das flores masculinas; as flores masculinas duram apenas um dia. Após a polinização, as inflorescências formam um cacho de frutos elipsoidais verdes (Tewari 2007).

Santoso, 2008 revelou que em cada inflorescência o número de flores é de cerca de 66-159, dependendo do ecótipo. As flores masculinas são numerosas, atingindo cerca de 80-95 (Aker, 1997).

2.9. Frutificação:

Peer (2010) referiu que é necessário um período de 90 dias para a formação de frutos após o início da floração e que a partir do dia 85 os frutos estão maduros e as sementes contêm uma percentagem máxima de óleo. Também referiu que a colheita das sementes na altura certa permite obter o rendimento máximo de óleo.

Biswas et al, 2006 referiram que os frutos *da Jatropha* amadurecem de forma heterogénea, o que leva a que a colheita seja trabalhosa e demorada, uma vez que os colhedores de frutos têm de selecionar apenas os frutos maduros para o processo de extração posterior e têm de ser colhidos manualmente a intervalos regulares.

2.10. Rendimento das sementes:

O pinhão-manso é ainda uma planta selvagem, pelo que é necessária uma investigação e experimentação exaustivas para otimizar os balanços de entrada/saída das plantações e assegurar a produtividade a longo prazo em diferentes condições climáticas.

O rendimento depende das caraterísticas do local (precipitação, tipo de solo e fertilidade do solo) (Francis et al., 2005), da genética (Ginwal et al., 2004), da idade da planta (Heller, 1996) e da gestão (método de propagação, espaçamento, poda, fertilização, irrigação, etc. (Gour, 2006).

Em climas mais húmidos, a frutificação é contínua durante todo o ano, enquanto a colheita pode ser limitada a dois meses em regiões semi-áridas. A maturidade dos frutos também pode afetar a composição em ácidos gordos do óleo, e a transformação e armazenamento afectam ainda mais a qualidade do óleo (Raina e Gaikwad, 1987).

A produção anual de sementes pode variar de cerca de 0,2 kg a mais de 2 kg por planta (Lele, 2006).

Para áreas semi-áridas e terrenos baldios, Tewari (2007) propôs uma produção alcançável de sementes secas de 2-3 toneladas ha -1 ano $^{-1}$, que é confirmada pelos dados de campo de Francis et al. (2005).

Quando se pretende obter bons locais (bom solo e precipitação média anual de 9001200 mm) e/ou se utilizam práticas de gestão optimizadas, podem ser alcançadas 5 toneladas de sementes secas ha $^{-1}$ por ano $^{-1}$.

Goswami (2006) também concluiu o seu estudo afirmando que uma gama de rendimento potencial de 1,5-7,8 toneladas de sementes secas ha $^{-1}$ ano $^{-1}$.

A dificuldade geral na previsão do rendimento é o principal obstáculo (Prasad e Wegstein, 2011).

Estudos efectuados por Prayas (2006) relatam uma grande variação no rendimento das sementes, que vai de 0,4 T/ha a 12 T/ha. Os melhores rendimentos foram registados apenas em condições de irrigação e de cultivo intensivo. É muito provável que a produção de frutos e, por conseguinte, de sementes de *Jatropha* em condições de sequeiro seja inferior à média e, por conseguinte, economicamente inviável.

Lapola (2009) referiu que, no caso do sequeiro, os relatórios mostram que a maior parte do país poderia atingir um rendimento potencial de sementes de 1-3 t/ha, com rendimentos um pouco menores no Nordeste. As zonas mais produtivas da Índia são os Estados orientais e pequenas partes dos Estados meridionais de Tamil Nadu, Karnataka e Kerala, onde o rendimento potencial de sementes atinge um máximo de 5,2 t/ha. Se forem irrigadas, a maioria das zonas da Índia pode atingir uma produtividade de 5,8 t/ha, tendo sido registados picos de rendimento de 6,9 t/ha.

O rendimento das sementes pode ser aumentado através de melhores práticas de cultivo, como a irrigação, a gestão da fertilização, a monda, a poda, a gestão da copa e a utilização de abelhas como polinizadores. Os tratamentos com fito-hormonas também podem aumentar a produção; um estudo relatou um aumento de até 11 vezes na produção de sementes através da redução do crescimento vegetativo pela aplicação do retardador de crescimento paclobutrazol (Ghosh et al., 2010). Após a colheita, a planta entra num estado dormente ou floresce novamente (Fact Foundation 2009b).

A investigação sobre o cultivo da *Jatropha* tem de continuar e expandir-se em áreas como:

(i) resposta do crescimento e da produção aos factores de produção (irrigação, poda, espaçamento e fertilizantes), ii) ecologia da regeneração (polinizadores, relação flor-sexo e limitação do pólen), iii) pragas e doenças

No que diz respeito à genética, é necessária investigação para (i) domesticação, (ii) rendimento estável, (iii) elevado teor de óleo, (iv) maturação sincronizada, e (v) resistência a pragas e doenças (Achten et al . 2010d).

CAPÍTULO 3

METODOLOGIA

O presente estudo intitulado "**Ecological Studies for Sustainable Biodiesel Plantations (*Jatropha curcas* L.) With Emphasis on Environmental Considerations in Krishna District, A.P.**" (**Estudos ecológicos para plantações sustentáveis de biodiesel (*Jatropha curcas* L.) com ênfase em considerações ambientais no distrito de Krishna, A.P.**) foi realizado estabelecendo 7 estações de campo em 5 mandals no distrito de Krishna de Andhra Pradesh, de janeiro-2008 a dezembro-2011.

As plantações *de Jatropha* foram propostas pelo governo para recuperar terrenos baldios, onde anteriormente se cultivavam Subabul, Eucalyptus, Pongamia, etc., para recuperar esses solos. Muitos cultivadores começaram a cultivar *Jatropha* e alguns deles foram arrancados nas fases posteriores devido a uma ou outra razão. A este respeito, as culturas também foram mantidas no distrito de Krishna, em Andhra Pradesh, onde foi realizado o presente estudo, com o objetivo de descobrir os mitos e os factos da cultura *da Jatropha* e a sua sustentabilidade em diferentes condições ambientais.

3.1. Área de estudo:

O distrito de Krishna está situado entre 16° 10 N e 81° 08 E e a área total era de 8.727 Km2. A temperatura média da região era de 45 ° C no verão e 21 ° C no inverno. Os solos de algodão preto (57,6%) e vermelho (19,4%) eram dominantes aqui. A principal fonte de cultivo era a precipitação baseada nas monções e a precipitação média do distrito era de 1135,26 mm/ano durante o período de estudo.

Tabela 3: Precipitação média (em mm) do distrito de Krishna 2009-2011

YEAR	JAN	FEB	MAR	APR	MAY	JUN	JUL	AUG	SEP	OCT	NOV	DEC	TOTAL
2009	0	0	0.8	0	105.1	36.1	87.2	175.7	154.8	75.6	99.1	1.7	736.1
2010	16.6	0	0	20.1	202.3	131.7	373.1	296.2	318.1	201.8	152.8	92.5	1805.2
2011	0	23.6	0	41.5	49.3	112.8	303.5	226.5	47.2	38.8	18.7	2.6	864.5

Fonte: Centro Meteorológico, Departamento Meteorológico da Índia, Governo da Índia, Hyderabad.

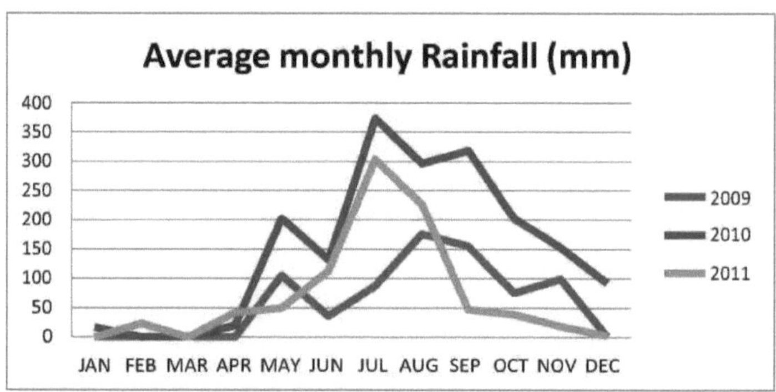

Fig 1: Precipitação média (em mm) do distrito de Krishna 2009-2011

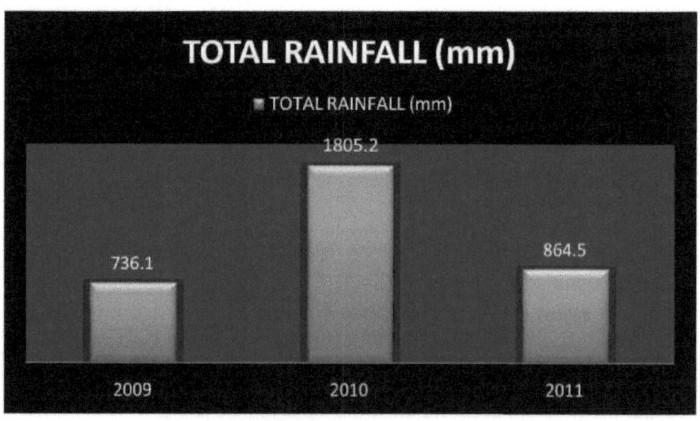

Fig 2: Precipitação total (em mm) do distrito de Krishna 2009-2011

Tabela 4: Humidade e velocidade do vento ao longo do mês no local de estudo, 2010.

PARAMETER	JAN	FEB	MAR	APR	MAY	JUN	JUL	AUG	SEP	OCT	NOV	DEC
RH- 08.30 (%)	85	87	86	78	73	76	89	89	90	88	87	84
RH -17. 30 (%)	59	55	51	52	55	62	79	80	84	84	85	71
MWS (24Hrs)	2	2	3	3	4	3	3	1	1	1	1	1

RH: Humidade relativa, **MWS**: Velocidade média do vento, **k.m.p.h**: quilómetros por hora

Tabela 5: Temperaturas mensais (°c) no local de estudo, 2010.

	JAN	FEB	MAR	APR	MAY	JUN	JUL	AUG	SEP	OCT	NOV	DEC
MAXIMU	30.7	32.6	36.2	38.7	38.9	37.1	31.7	32.3	31.8	31.9	31.1	29.4
MINIMUM	19.3	17.5	23.6	26.2	27.3	26.7	24.6	24.8	24.3	23.1	22.9	18.7

Fonte: Centro Meteorológico, Departamento Meteorológico da Índia, Governo da Índia, Hyderabad.

Foram selecionadas seis plantações naturais de *Jatropha* em 4 mandatos do distrito de Krishna, nomeadamente Mylavaram, Agiripalli, G.Konduru e Nandigama. Além disso, foi também mantido um local de controlo em Chandarlapadu mandal para comparar o crescimento. Os pormenores das estações de estudo são mencionados a seguir:

I. **Estações de Mylavaram Mandal:** Morusumilli e Pulluru

II. **Estações de G. Konduru Mandal :** Kuntamukkala

III. **Estações de Agiripalli Mandal:** Rajavaram e Nekkalam

IV. **Estações de Nandigama Mandal:** Nandigama

V. **Chandarlapadu Mandal:** Sítio experimental (Chandarlapadu)

I. Mylavaram Mandal: Mylavaram é uma pequena cidade e sede do mandal de receitas na divisão de receitas de Vijayawada, distrito de

Krishna, situada a 42 km de Vijayawada, entre 16,78°N e 80,63°E. A elevação do mandal era de 47 pés. Havia 27 aldeias neste mandal e a população era de 66.963 (Censo de 2011).

Aqui predominam os solos vermelhos e negros e as principais culturas da região são a manga, o eucalipto, o coco, a teca, a curcuma, a malagueta, o algodão, etc. Segue-se uma breve descrição das 3 estações de campo selecionadas deste mandal:

(i) . Morusumilli (S-I): A estação de campo situava-se a 13 km da cidade de Mylavaram e a 3 km de Pulluru. Situa-se entre 80,35°E de longitude e 16,50°N de latitude. A área total da estação de campo era de 12 acres.

O solo da região era preto e ligeiramente alcalino. Encontrava-se a 2 km de distância do habitat residencial. A cultura da manga foi praticada durante cerca de duas décadas e a plantação *de Jatropha* foi efectuada como plantação de vedação/limite numa única linha.

(ii) Pulluru (S-II): Esta estação de campo estava situada a uma distância de 10 km da cidade de Mylavaram. A longitude e as latitudes da região eram 80,38°E e 16,50°N. O solo era preto argiloso e de natureza alcalina. A área total do sítio era de 11 acres. Estava a 1½ km de distância da área residencial. Era completamente dependente da chuva e não havia outros meios de irrigação disponíveis. Tratava-se de uma zona agrícola, onde se cultivava manga nos últimos 15 anos. As principais culturas desta região eram o arroz, o milho e culturas comerciais como a teca, a manga e o tabaco.

Aqui, *a Jatropha* foi cultivada como uma cultura de cobertura numa linha.

II. G. Konduru Mandal: Neste mandal foi selecionada a estação de

Kuntamukkala, na qual *a Jatropha* foi cultivada como cultura de fronteira.

(iii). Kuntamukkala: (S-III) Situada entre 16,44°N e 80,38°E, a uma altura de 35 m acima do nível do mar, ao longo da estrada Mylavaram-Kuntamukkala , a 1,5 km da cidade de Mylavaram. Existem dois pequenos lagos num raio de 2 km desta zona que têm contribuído para a recarga do lençol freático. Trata-se de uma área de 13 km com solo alcalino vermelho.

III. Agiripalli Mandal: É um local famoso pela exportação de mangas. A altitude do local é de 57 m MSL. Nesta região predominam os solos vermelhos e as culturas frutícolas, como a goiaba, a papaia e a manga, as culturas hortícolas, como o tomate, a malagueta e a malagueta, e as culturas comerciais, como o tabaco e as palmeiras. As plantações de manga ocupavam a maior parte do território. A região era também famosa pelo seu terreno montanhoso e pelos fortes tradicionais. A região situa-se a 32 km de Vijayawada.

Neste mandal, foram observadas duas plantações: Rajavaram e Nekkalam.

(iv) . Rajavaram :(S-IV): Rajavaram está situada entre 16,41°N e 80,42°E. O solo era vermelho com carácter alcalino. Situa-se a uma distância de 0,5 km de um terreno montanhoso ondulado e de uma lagoa a 1,5 km. *A Jatropha* foi introduzida neste local em junho de 2009 como uma vedação. No campo, estava a ser cultivada grama verde. A manga era a cultura mais importante nos campos limítrofes.

(v) . Nekkalam :(S-V) A estação de campo estava situada entre 16,39°N e 80,44°E e fazia fronteira com uma zona residencial de um lado. *A Jatropha* era cultivada como cultura de vedação ao longo dos limites da plantação de mangas. Nos lados oeste e sul do local havia plantações de manga, no lado leste a terra era deixada como terreno baldio e no outro lado tinha como limite a autoestrada Vijayawada-Nuzvid.

IV. Nandigama Mandal: É famosa pelos seus templos, que têm uma grande história desde há muitos anos. Deste mandal foi selecionada uma pequena cidade, Nandigama , que era a sede do mandal.

(vi) Nandigama: (S-VI) Neste mandal foi identificada uma estação para o estudo, a saber, a estação de Nandigama, situada nos arredores da cidade de Nandigama e a 4 km de distância do habitat residencial.

Nandigama é uma cidade do distrito de Krishna, a 48 km de Vijayawada, situada entre 16,78°N e 80,30°E. O local estava a 21m MSL e tinha 24 aldeias. Situa-se 67 km a norte de Vijayawada e 46 km a leste de Kodada. O rio Muniyeru corre na cidade exterior.

V. Chandarlapadu Mandal: Neste mandal foi selecionado o local de controlo, que era a sede do mandal.

(vii) Local de controlo: (S-VII) Deste mandal foi selecionada uma estação num hectare. Tratava-se de uma parcela experimental que foi mantida para comparar o crescimento com as outras plantações naturais. Tratava-se de uma parcela de alta densidade com 10000 plantas / ha.

A estação de campo estava situada entre 16,41°N e 80,12°E e 55m acima do nível do mar. Situa-se a 133 km a oeste de Machilipatnam. Havia 32 aldeias e 18 panchayats no mandal e faz fronteira com os distritos de Krishna e Guntur. A temperatura média da região no inverno era de 24° e no verão de 36°.

Era uma zona alimentada pela chuva e os solos negros de cascalho predominavam aqui. As principais culturas da região eram culturas alimentares como o arroz, o trigo, culturas hortícolas e culturas comerciais como a malagueta, o algodão e o tabaco. A irrigação era feita por poços e gotejamento.

3.2. Análise do solo:

As amostras de solo foram recolhidas a diferentes profundidades, isto é, abaixo de 6 cm e 12-15 cm, a intervalos constantes, utilizando o método do quarteto. Foram utilizados sacos de polietileno para recolher as amostras.

Foram recolhidos 10 a 15 pontos para uma amostra composta. A folhada superficial foi raspada. Foi feito um corte em forma de V com uma pá para remover a camada superior do solo. A amostra foi recolhida na lâmina da pá com a ajuda de um arado. O solo total foi deitado numa área limpa no chão e bem misturado. O solo foi espalhado uniformemente e dividido em 4 quartos. Dois quartos diagonais foram rejeitados e o resto do solo foi novamente misturado. O processo foi repetido até restar meio kg de solo, que foi recolhido num saco de polietileno limpo. As amostras foram etiquetadas. Os solos foram secos em estufa a 105°C durante 12 horas e peneirados com uma malha de 75 mm. Foram sistematicamente analisados em laboratório utilizando técnicas normalizadas, como se descreve a seguir.

pH: 5 g de amostra de solo foram colocados num copo de 50 ml. Adicionaram-se 5 ml de água destilada e 10 ml de tampão de extração. Após agitação contínua durante 10 minutos, o pH foi medido na suspensão de 1:5 (p/v) com a ajuda de um medidor de pH digital pré-calibrado para os tampões de pH 4,7 e 9,2.

Estimativa de P: 1 g de solo foi colocado num balão de Ehrlenmeyer de 50 ml e 20 ml de solução de extração (NaHCO3 0,5M, pH 8,5) foram adicionados a cada balão e agitados a 200 durante 30 minutos e filtrados em papel de filtro Whattman n.º 42. Estimativa do P por colorimetria, utilizando um branco (Olsen et al., 1954).

Estimativa do K: Para determinar este valor, o potássio mais facilmente solúvel foi removido por uma única extração com HNO3 1M, numa relação ácido: solo. Esta fração foi rejeitada. Em seguida, procedeu-se a duas ou três extracções sucessivas com HNO3 1M, com uma relação ácido/solo mais estreita, e a concentração de K nestes extractos foi determinada por espetrofotometria de absorção atómica. A média dos resultados destas duas extracções foi calculada para obter o valor do potássio de reserva (Kc) (Blakemore et al, 1987).

Estimativa do N: 1 g de solo foi colocado num balão de Kjeldahl contendo 0,7 g de sulfato de cobre, 1,5 g de K2SO4 e 30 ml de H2SO4. Aquecer suavemente até à formação de espuma. Para reduzir a formação de espuma, adicionou-se uma pequena quantidade de parafina ou de esferas de vidro. Ferver energicamente até a solução ficar límpida e continuar a digestão durante cerca de 30 minutos. Retirar o balão do aquecedor e arrefecer, adicionar 50 ml de água e transferir para o balão de destilação. Introduzir com precisão 20-25 ml de H2SO4 0,1M no frasco cónico recetor, de modo a obter um excesso de pelo menos 5 ml do ácido. Adicionam-se 2-3 gotas de indicador vermelho de metilo e água suficiente para cobrir a extremidade dos tubos de saída do condensador. Adicionam-se 30 ml de NaOH a 35% no balão de destilação, de modo a que os conteúdos não se misturem. O conteúdo foi aquecido para destilar o amoníaco durante cerca de 30-40 minutos. Retirar o recipiente de recolha e lavar o tubo de saída no recipiente de recolha com uma pequena quantidade de água destilada. O excesso de ácido foi titulado no destilado com NaOH 0,1M. O branco foi determinado utilizando a mesma quantidade de ácido padrão num frasco cónico recetor. (Método Kjeldahl)

3.3. Sementeira e transplantação:

Foram selecionadas sementes de tamanho uniforme, não enrugadas e sem sintomas de doença, que foram demolhadas durante 24 horas em água da torneira. Sacos de polietileno de 15×25cm foram enchidos com 400 g de solo +100 NPK (7:10:5) e mantidos prontos para a sementeira. Foram semeadas duas sementes em cada saco a 6 cm de profundidade com o olho virado para baixo a 2 cm de profundidade. A rega foi administrada utilizando um aspersor para manter a humidade no saco de polietileno. As plântulas germinadas foram mantidas no saco de polietileno até um ano e depois transplantadas para covas de 30×30×30 cm, cheias de estrume e comprimidos de VAM (um comprimido/planta).

No entanto, na parcela de controlo e na estação de Nandigama, houve o cuidado de adicionar gesso (60 kg/ha) antes da transplantação para neutralizar o solo.

3.4. Parâmetros estudados:

Foram mantidas diferentes condições em termos de espaçamento, nutrientes, modo de rega, etc. em todas as estações de campo. Foram estudados vários parâmetros. Os dados recolhidos foram apresentados como valores médios para todos os aspectos do estudo. Foi feita uma comparação entre todos os locais de estudo para cada parâmetro, que foram mencionados a seguir.

i. Nutrientes: Gesso foi adicionado em Nandigama e Chandarlapadu @60kg/ha. NPK e Super Fosfato foram adicionados em intervalos de 6 meses à plantação de Chandarlapadu (local de controlo) a 60 Kg/ha e 150 Kg/ha respetivamente para estudar o impacto dos nutrientes no crescimento, floração, frutificação e produção de sementes (rendimento). Nem o estrume nem os nutrientes foram suplementados externamente para as restantes estações de campo.

ii. Programa de rega: A rega foi feita de diferentes maneiras para diferentes plantações. As principais fontes foram poços, canais de irrigação e irrigação por gotejamento. O abastecimento de água foi feito através de poços e canais internos de irrigação nas parcelas de Morusumilli e Pulluru, enquanto Rajavaram e Nekkalam eram plantações alimentadas pela chuva e não havia outro modo específico de irrigação. A irrigação por gotejamento foi fornecida para os outros três locais viz., Kuntamukkala, Nandigama e Chandarlapadu. Nas parcelas irrigadas por gotejamento, a água foi fornecida em dias alternados no inverno e regularmente durante o verão, para evitar condições de alagamento.

Foi registada a precipitação média mensal do distrito de Krishna durante o período de estudo.

iii. Tipo de plantação e Densidade das plantas em diferentes espaçamentos:

Das sete estações de campo selecionadas, três tinham *pinhão-manso* como plantação em bloco (monocultura), nomeadamente Rajavaram, Nandigama e Chandarlapadu, e nas restantes quatro estações, Kuntamukkala, Morusumilli, Pulluru e Nekkalam, era cultivado como cultura de fronteira (cerca).

Foram mantidos diferentes espaçamentos entre plantas em vários locais de estudo, como se segue:

S-I: Kuntamukkala: Foi uma cultura de fronteira em 13 acres. O espaçamento entre plantas foi mantido em 3×3 m.

S-II: Morusumilli: Foi uma cultura de fronteira em 12 acres. O espaçamento entre plantas foi mantido em 3×3 m.

S-III: Pulluru: Foi uma cultura de fronteira em 11 acres. O espaçamento entre plantas foi mantido em 3×3 m.

S-IV: Rajavaram: Esta plantação era uma plantação em bloco de 5 acres com um espaçamento de 3×3 m.

S-V: Nekkalam: A plantação de Nekkalam era uma cultura de fronteira em 10 acres com espaçamento de 2×2 m (2500 plantas/ha).

S-VI: Nandigama: A plantação de Nandigama era uma plantação em bloco (monocultura) de 10 acres com um espaçamento misto de 2×2 m (2500 plantas/ha) e 3×3 m (1110 plantas/ha).

S-VII: Chandarlapadu (a seguir designado por local de controlo): A plantação de Chandarlapadu foi o local de controlo de uma monocultura de um acre. Os espaçamentos mínimos foram mantidos aqui como 1×1 m (10.000 plantas/ha) e 1,5×1,5 m (4444 plantas/ha) para comparar as condições de crescimento com as plantações naturais.

Quadro 6: Densidade de plantas em vários espaçamentos

Spacing (in M)	Total No. of plants/Ha
1×1	10,000
1.5 ×1.5	4444
2×2	2500
3×3	1110

iv. Poda: Para aumentar o número de ramos, todas estas plantações foram podadas uma vez, exceto o local de controlo, que foi podado duas vezes. Dos sete locais de estudo, três viz. Rajavaram, Nekkalam e Nandigama foram podados em novembro de 2009 e os quatro locais, Kuntamukkala, Morusumilli e Pulluru, em novembro de 2010. O sítio experimental de Chandarlapadu foi podado duas vezes, em outubro de 2009 e novembro de 2010.

3.5. Crescimento da planta:

As alterações das variáveis foram registadas regularmente. Foram feitas observações trimestrais de janeiro de 2009 a outubro de 2011, selecionando uma amostra aleatória de 10 plantas de cada local. Os dados de 10 plantas selecionadas por acre de cada local foram convertidos num valor médio.

O crescimento físico da planta foi medido através da contagem do número de ramos, da altura da planta em pés e da circunferência em polegadas. A percentagem de floração e frutificação foi também estimada em relação ao total de plantas. O rendimento da planta foi medido em termos de produção de sementes secas (kg/planta) e expresso em termos de percentagem.

1) Diâmetro do tronco/perímetro da planta: Utilizou-se um compasso de Vernier para medir o diâmetro do tronco da árvore a 30 cm acima da superfície do solo. Os dados foram registados em 10 plantas selecionadas por acre para cada local, e depois foram expressos como perímetro médio (polegadas).

2) Altura da planta: O crescimento da planta foi medido por monitorização trimestral, medindo o comprimento desde a superfície do substrato até ao meristema apical. Utilizou-se uma fita métrica e um metro para medir a altura da planta desde a superfície do solo até à ponta da árvore. Foram registados dados de 10 plantas selecionadas por acre para cada bloco e a média da altura foi expressa em pés.

3) Número de ramos por planta: Cada ramo de uma planta selecionada foi contado. Foram recolhidos dados de 10 plantas selecionadas por acre para cada local e depois expressos como número médio de ramos por planta.

4) Floração: Esta recolha de dados foi efectuada através da observação e contagem do número de plantas com flor dentro da parcela desde o dia da primeira floração da planta. A monitorização foi feita normalmente uma vez por semana e cada planta em flor foi marcada com um fio. A percentagem de plantas com flor foi calculada contando o número de árvores com flor e dividindo pelo número total de plantas.

5) Frutificação: A produção de frutos foi normalmente registada uma vez por semana, colhendo os frutos totalmente maduros com cor amarela a castanha escura. Em seguida, o

A percentagem de plantas frutíferas foi calculada no final do trimestre, contando o número de árvores frutíferas e dividindo-o pelo número total de plantas ao longo do trimestre. Os frutos foram deixados com as plantas até amadurecerem completamente e secarem. Em seguida, os frutos secos foram recolhidos das árvores.

6) Produção de sementes (rendimento): Os frutos colhidos foram guardados separadamente em caixas de papel e anotou-se o número total de frutos maduros provenientes de 10 plantas selecionadas por hectare em cada parcela. Estes foram somados no final da época de colheita. O número de frutos foi registado em frutos por planta por ano, e depois convertido em frutos por hectare por ano. As sementes retiradas das cascas dos frutos foram secas ao sol durante 3 dias até atingirem aproximadamente 12% de humidade, antes de serem armazenadas em sacos de papel. Foram pesadas com uma balança eletrónica (sensibilidade de 0,01gm).

7) Frutos: Os estádios de maturação dos frutos foram pré-determinados como estádio 1 (fruto pequeno e jovem imaturo), estádio 2 (fruto maduro verde), estádio 3 (fruto maduro amarelo), estádio 4 (fruto preto húmido/ semi-seco) e estádio 5 (fruto preto seco/ totalmente seco).

Foi recolhida aleatoriamente uma amostra de frutos de cada parcela para comparar a qualidade das sementes. Foram medidos o peso seco dos frutos, o revestimento dos frutos, as sementes e o comprimento das sementes. A relação entre a casca do fruto e a semente também foi observada.

8) Análise estatística: O crescimento de ***J. curcas*** em várias plantações foi comparado por ANOVA. Foi efectuada uma comparação para a floração, frutificação e produção de sementes através da aplicação do teste ANOVA.

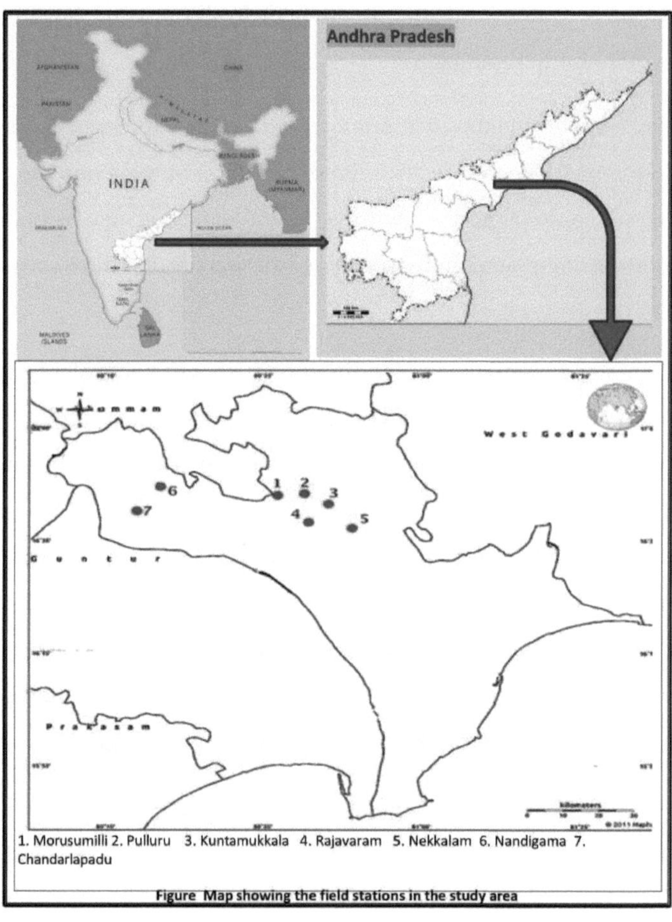

1. Morusumilli 2. Pulluru 3. Kuntamukkala 4. Rajavaram 5. Nekkalam 6. Nandigama 7. Chandarlapadu

Figure Map showing the field stations in the study area

CAPÍTULO 4

4.1. Impacto das condições do solo

O solo é o principal fator de influência na vida das plantas. O tipo de solo, a disponibilidade de vários nutrientes no solo, a natureza da retenção de água, etc., influenciam o crescimento físico do solo, bem como a frutificação e a produção de sementes. *O pinhão-manso* pode sobreviver em qualquer tipo de solo, mas o crescimento fonológico varia em diferentes condições de solo. Para comparar o crescimento da *Jatropha* em condições de solo variadas, foram selecionados diferentes solos com condições variadas.

4.1.1. Tipo de solo:

Nas diferentes estações de campo predominavam diferentes solos, como o vermelho, o preto de algodão e o preto de cascalho. Os solos vermelhos estavam presentes nas estações de Kuntamukkala e Rajavaram. Os solos pretos de algodão predominavam nas estações de Morusumilli, Pulluru e Nekkalam, enquanto os solos pretos de cascalho estavam presentes nas outras duas estações de campo, nomeadamente Nandigama e Chandarlapadu (quadro 7).

4.1.2. Efeito do tipo de solo sobre o crescimento

Solo vermelho: A altura da planta atingiu 9,5 pés e 11,1 pés em Rajavaram e Kuntamukkala, respetivamente, onde predominavam os solos vermelhos. A circunferência foi notada como 8.3inches e 8.8 inches, e o número de ramos foi identificado como 20 e 22, respetivamente.

A floração foi medida em 40% e 60%, a frutificação foi medida em 30% e 39% nestes dois locais, enquanto que a produção de sementes secas foi registada em 23,6% e 30%.

Solo de algodão preto: Os solos de algodão preto existiam nas plantações de Morusumilli, Pulluru e Nekkalam, onde a altura da planta foi registada como 12,5 pés, 11,9 pés e 10 pés, a circunferência foi registada como 9,5 polegadas, 9,6 polegadas e 8,5 polegadas, mostrando 29, 25 e 23, respetivamente.

30,5% de floração, 15,5% de frutificação e 10,2% de rendimento de sementes foram registados em Morusumilli, 30% de floração, 15% de frutificação e 10% de rendimento de sementes foram registados em Pulluru e 43,6% de floração, 33,7% de frutificação e 26% de rendimento de sementes foram registados em Nekkalam,

Cascalho preto: Nas plantações de Chandarlapadu e Nandigama estavam presentes solos de cascalho preto nos quais a altura foi registada como 14,5 pés e 15 pés enquanto o perímetro foi medido como 10,5 polegadas e 10,8 polegadas, respetivamente, mostrando 30 ramos em cada local.

72% de floração, 61,1% de frutificação e 51,2% de rendimento de sementes foram registados em Chandarlapadu, enquanto 69% de floração, 50,2% de frutificação e 40% de rendimento de sementes foram registados na plantação de Nandigama.

4.1.3. Balanço comparativo do efeito do tipo de solo:

A altura média da planta foi mais elevada nas plantações com solo de cascalho preto, como 15 pés em Nandigama e 14,5 pés em Chandarlapadu. Uma altura moderada de 10 a 12,5 pés foi registada nos solos pretos de algodão como 10 pés em Nekkalam, 11,9 pés em Pulluru e 12,5 pés em Morusumilli. A altura mais baixa foi registada nos solos vermelhos, com 9,5 pés e 11,1 pés nas estações de Rajavaram e Kuntamukkala. A altura mínima foi observada em Rajavaram (9,5 pés) e na parte rochosa da plantação de Kuntamukkala, enquanto na parte não rochosa foi observada uma altura melhor.

O perímetro médio da planta também foi registado como máximo entre as estações de campo em solos de cascalho preto (10,8 polegadas em Nandigama e 10,5 polegadas em Chandarlapadu), seguido de solos pretos (9,6 polegadas em Pulluru, 9,5 polegadas em Morusumilli e 8,5 polegadas na plantação de Nekkalam). A menor circunferência média foi registada nos solos vermelhos, com 9,8 polegadas na plantação de Kuntamukkala e apenas 8,3 polegadas na plantação de Rajavaram.

Tendência semelhante foi observada mesmo no caso do número de ramos por planta, que se verificou ser maior nos solos de cascalho preto, como 30 em ambas as plantações de Nandigama e Chandarlapadu. O número de ramos foi moderado nos solos negros de algodão, variando de 23 a 29 (23 em Nekkalam, 25 em Pulluru e 29 na plantação de Morusumilli). Apenas 20 ramos foram registados na estação de Rajavaram e 22 na estação de Kuntamukkala. (Quadro 7).

No que respeita ao crescimento físico da planta em termos de altura, perímetro e número de ramos, verificou-se que os solos de cascalho preto, seguidos dos solos de algodão preto, apoiavam a planta, ao passo que os solos vermelhos eram menos favoráveis do que os solos de cascalho preto e de algodão preto. Entre as três plantações de solos de algodão preto, a plantação de Nekkalam apresentou os resultados mais baixos em termos de crescimento físico. Verificou-se que os solos rochosos não favorecem o crescimento, uma vez que, nos solos vermelhos, a parte rochosa (plantação de Kuntamukkala) apresentou resultados inferiores aos da parte não rochosa da plantação.

Não só o crescimento físico, mas também a floração, a frutificação e a produção de sementes foram registados ao máximo entre as estações de campo nos solos de cascalho preto. A floração foi registada como 72% na plantação de Chandarlapadu e 69% na plantação de Nandigama. A frutificação e a produção de sementes foram registadas como 61,1% e 51,2% na plantação de Chandarlapadu e 50,2% e 40% na plantação de Nandigama.

Ao contrário do crescimento físico, a floração, a frutificação e a produção de sementes diminuíram nos solos negros de algodão quando comparados com os solos vermelhos, exceto na plantação de Nekkalam. Entre os solos pretos, Nekkalam apresentou percentagens pouco mais elevadas de 43,6% de floração, 33,7% de frutificação e 26% de produção de sementes, enquanto as duas plantações restantes, Pulluru e Morusumilli, apresentaram percentagens menos elevadas de 30% e 30,5% de floração, 15% e 15,5% de frutificação e 10% e 10,2% de produção de sementes, respetivamente. As duas plantações com solos vermelhos, Rajavaram e Kuntamukkala, apresentaram 40% e 60% de floração, 30% e 39% de frutificação e 23,6% e 30% de produção de sementes, respetivamente (Quadro 7).

4.1.4. pH do solo:

O solo em todas as sete estações de campo estava próximo do valor neutro e ligeiramente alcalino na natureza. O pH dos solos no presente estudo variou entre 7,5 e 8,14, mostrando uma pequena diferença de 0,64. O pH do solo foi de 7,5 em Rajavaram, 7,8 em Kuntamukkala e Nekkalam, enquanto foi registado como 8 nas estações de Morusumilli e Pulluru. O pH foi de 8,14 em Nandigama e no local de controlo, Chandarlapadu.

4.1.5. Efeito do pH do solo sobre o crescimento:

O crescimento da planta foi influenciado por vários parâmetros como o pH do solo, a disponibilidade de humidade e de nutrientes no solo. O efeito do pH do solo sobre o crescimento, bem como o rendimento, foi estudado entre as estações de campo.

Altura da planta: A pH 7.5 a altura da planta foi registada como 9.5 pés (Rajavaram), a pH 7.8 foi registada como 10 pés (Nekkalam) e 11.1 pés (Kuntamukkala), a pH 8 foi registada como 11.9 pés (Pulluru) e

12.5ft (Morusumilli) e a pH 8.14 foi registado como 14.5 ft (Chandarlapadu) e 15ft (Nandigama).

Perímetro da planta: A pH 7,5 a circunferência da planta foi registada como 8,3 polegadas (Rajavaram), a pH 7,8 foi registada como 8,5 polegadas (Nekkalam) e 8,8 polegadas (Kuntamukkala), a pH 8 foi registada como 9,6 polegadas (Pulluru) e 9,5 polegadas (Morusumilli) e a pH 8,14 foi registada como 10,5 polegadas (Chandarlapadu) e 10,8 polegadas (Nandigama).

Número de ramos: A pH 7,5 o número de ramos foi registado como 20 (Rajavaram), a pH 7,8 foi registado como 23 (Nekkalam) e 22 (Kuntamukkala), a pH 8 foi registado como 25 (Pulluru) e 29 (Morusumilli) e a pH 8,14 foi registado como 30 (Chandarlapadu e Nandigama).

Floração: A pH 7,5 a percentagem de floração foi registada como 40% (Rajavaram), a pH 7,8 foi registada como 43,6% (Nekkalam) e 60% (Kuntamukkala), a pH 8 foi registada como 30% (Pulluru) e 30,5% (Morusumilli) e a pH 8,14 foi registada como 72% (Chandarlapadu) e 69% (Nandigama).

Frutificação: A pH 7,5 a percentagem de frutificação foi registada como 30% (Rajavaram), a pH 7,8 foi registada como 33,7% (Nekkalam) e 39% (Kuntamukkala), a pH 8 foi registada como 15% (Pulluru) e 15,5% (Morusumilli) e a pH 8,14 foi registada como 61,1% (Chandarlapadu) e 50,2% (Nandigama).

Produção de sementes (rendimento): A pH 7,5, a percentagem de sementes secas foi registada como 23,6% (Rajavaram), a pH 7,8 foi registada como 26% (Nekkalam) e 30% (Nekkalam).

(Kuntamukkala), a pH 8 foi registado como 10% (Pulluru) e 10,2% (Morusumilli) e a pH 8,14 foi registado como 51,2% (Chandarlapadu) e 40% (Nandigama).

4.1.6. Balanço comparativo sobre o efeito do pH do solo:

Dentro de uma pequena faixa de pH de 7,5 a 8,14, muitas variações puderam ser identificadas. A altura máxima entre todas as estações de campo foi observada a pH 8,14 (como 14,5 pés em Chandarlapadu e 15 pés em Nandigama) seguido de pH 8,0 (11,9 pés em Pulluru, 12,5 pés em Morusumilli). Depois notou-se um decréscimo na altura de pH 8,0 para 7,8 onde foi registado 10 pés em Nekkalam e 11,1 pés na plantação de Kuntamukkala. A menor altura foi registada no pH mais baixo entre as estações de campo, pH 7,5, com 9,5 pés na plantação de Rajavaram.

Da mesma forma, o perímetro da planta também foi registado como máximo em pH 8,14, seguido de pH 8,0 e 7,8 e menos em pH 7,5. O perímetro médio mais elevado foi registado como 10,8 polegadas e 10,5 polegadas nas estações de Nandigama e Chandarlapadu onde o pH do solo era 8,14, seguido de 9,6 polegadas e 9,5 polegadas nas estações de Pulluru e Morusumilli onde o pH era 8,0. A circunferência média foi observada como

8,8 polegadas e 8,5 polegadas a pH-7,8 (plantações de Kuntamukkala e Nekkalam) e apenas 8,3 polegadas foram registadas a pH-7,5 na plantação de Rajavaram.

Da mesma forma, foram encontrados mais ramos a pH- 8,14 como 30 nas estações de Nandigama e Chandarlapadu. 29 e 25 foram registados nas plantações de Morusumilli e Pulluru (pH-8.0). A pH-7,8, foram registados 22 e 23 ramos nas estações de Kuntamukkala e Nekkalam, respetivamente, enquanto apenas 20 ramos foram observados a pH-7,5 (plantação de Rajavaram).

Uma faixa estreita de diferença de pH (75 a 8,14) mostrou muitas variações entre as diferentes estações e observou-se que o aumento do pH resultou no aumento do crescimento da planta.

No caso da floração, frutificação e produção de sementes, não foi possível observar uma tendência distinta, uma vez que não houve uma sequência específica no aumento ou diminuição da fenologia com o aumento do pH. No entanto, os resultados máximos foram obtidos a pH-8,14, com 72% de floração, 61,1% de frutificação e 52% de produção de sementes na plantação de Chandarlapadu e 69% de floração, 50,2% de frutificação e 40% de produção de sementes na plantação de Nandigama. As percentagens mais baixas foram registadas a pH-8,0, embora o crescimento físico da planta tenha sido um pouco mais elevado quando comparado com o de pH mais baixo, ou seja, pH-7,8 e 7,5. Em Rajavaram (pH-7,5), o crescimento físico da planta foi fraco, mas a floração, a frutificação e a produção de sementes foram registadas em 40%, 30% e 23,6%, respetivamente.

Com isto, é evidente que mesmo uma diferença estreita de 0,64 (7,5 a 8,14) mostrou um aumento do crescimento com o aumento do pH, mas não pôde mostrar qualquer tendência distinta de aumento ou diminuição do rendimento com a mudança de pH. (Tabela 7).

Quadro 7: Efeito do tipo de solo e do pH do solo sobre o crescimento e a produção de sementes

Name of the plantatio	Rajavaram	Kuntamukkala	Nekkalam	Morusumilli	Pulluru	Nandigama	Chandarlapadu
Type of Soil	Red	Red, Rocky in	Black Cotton			Black Gravel	
pH	7.5	7.8	7.8	8	8	8.14	8.14
Mean Plant Height	9.5	11.1	10	12.5	11.9	15	14.5
Mean plant girth	8.3	8.8	8.5	9.5	9.6	10.8	10.5
No. of Branches	20	22	23	29	25	30	30
Flowering (%)	40	60	43.6	30.5	30	69	72
Fruiting (%)	30	39	33.7	15.5	15	50.2	61.1
Yield (%)	23.6	30	26	10.2	10	40	51.2

ft= Pés, %= percentagem

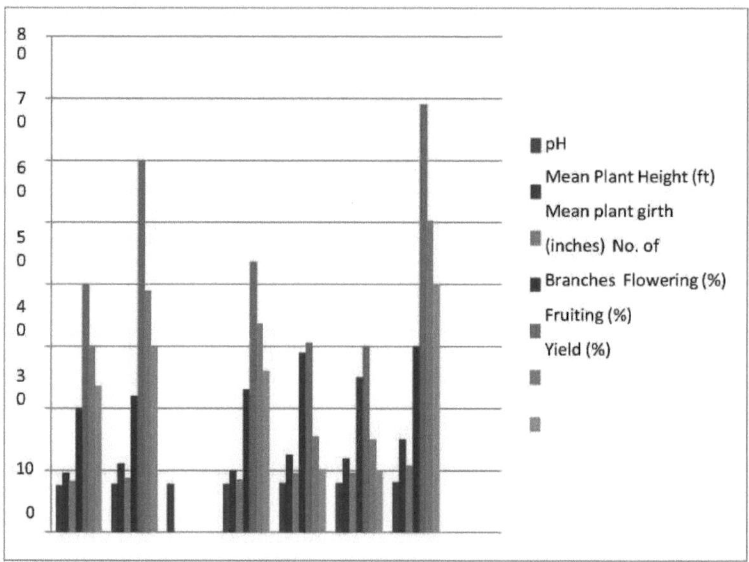

Figura 3: Efeito do tipo de solo e do pH do solo sobre o crescimento e a produção de sementes

4.2 Impacto do espaçamento

Todas as plantações *de Jatropha* curcas em estudo foram classificadas como plantações em bloco e plantações limítrofes. As plantações em bloco foram cultivadas em 1-20 acres em diferentes áreas de estudo, enquanto as plantações de fronteira foram cultivadas numa única linha como vedação na fronteira do jardim de mangas.

4.2.1. Plantações em bloco: As plantações em bloco foram efectuadas em Rajavaram (5 acres), Nandigama (50 acres) e Chandarlapadu (1 acre). Destes três locais, as plantações *de Jatropha de* Chandarlapadu são consideradas como zona de controlo e os resultados das outras plantações em bloco são comparados com os deste local.

O espaçamento entre plantas individuais foi mantido como 3x3m, 2x2m, 1x1m e 1.5x1.5m nas três estações. O espaçamento viz, 3x3m foi mantido em Rajavaram em 5 acres e em Nandigama em 30 acres. Outra plantação com um espaçamento de 2x2m foi cultivada em Nandigama em 20 acres. Em Chandarlapadu, foram mantidos dois tipos de espaçamento, 1x1m e 1,5x1,5m, em 0,5 acres cada.

Os parâmetros de crescimento físico, como a altura (pés), o perímetro (polegadas) e o número de ramos, foram medidos uma vez em cada três meses em todos os blocos de plantações. Os parâmetros fenológicos, como a floração, a frutificação e a produção de sementes, foram estimados uma vez em cada três meses.

No âmbito de uma prática geral de arboricultura, foi igualmente efectuada a poda em todas as plantações do bloco. Em Rajavaram, a poda foi efectuada em todas as plantações de 5 acres em janeiro de 2010, enquanto em Nandigama foi efectuada em outubro de 2009. A poda foi efectuada nos locais de estudo imediatamente antes do início da época de floração. Durante todo o período de estudo, a poda foi efectuada apenas uma vez nos sítios de Rajavaram e Nandigama. No entanto, o registo de dados sobre o crescimento físico e os aspectos fonológicos prosseguiu sem qualquer impedimento. A poda assegurou uma altura uniforme em cada bloco. As tendências de crescimento e fonológicas foram registadas e comparadas antes e depois da poda.

4.2.2. (i). Intervalo de espaçamento de 3x3m:

Altura da planta: A altura da planta atingiu um máximo de 9,5 pés em outubro de 2011 a partir de 3,8 pés em janeiro de 2009 (Rajavaram). No entanto, o crescimento da planta registou 6,4 pés em Out-2009 e depois foi podada em Jan-10 para 4,2 pés. Em comparação com o crescimento da planta antes da poda (6,4 pés), o crescimento médio da planta de Jan-10 a Out-11 foi maior (9,5 pés). A diferença de altura parece ser insignificante, mas a circunferência da planta aumentou durante o período pós-poda de dois anos. A propósito, as plantações em Rajavaram mostraram menor crescimento entre todas as plantações.

No sítio de Nandigama foram plantados 30 acres de *Jatropha* em bloco e a altura média inicial da *Jatropha* era de 4,2 pés em janeiro de 2009. A altura da planta atingiu 5,6 pés em outubro de 2009. Em seguida, a poda foi feita para uma altura média de 3,3 pés. Mais tarde, o crescimento foi mais rápido e, no final do 3.ºano (outubro de 2011), a altura média da planta atingiu 15,0 pés. As condições que contribuíram para um crescimento mais rápido são discutidas em partes subsequentes desta tese (Tabela 8).

Tabela 8: Altura média da planta (pés) no espaçamento 3x3m

Mean height of the plant (ft) at 3x3m spacing												
	Jan - 09	Apr - 09	Jul - 09	Oct - 09	Jan - 10	Apr - 10	Jul - 10	Oct - 10	Jan - 11	Apr - 11	Jul - 11	Oct - 11
RAJAVARAM	3.8	4.9	5.5	6.4	*4.2	5.2	5.9	6.7	7.8	8.4	8.9	9.5
NANDIGAMA	4.2	5.1	5.6	*3.3	5.8	6.7	7.5	8.8	11.2	12.4	13.5	15

- Após a poda

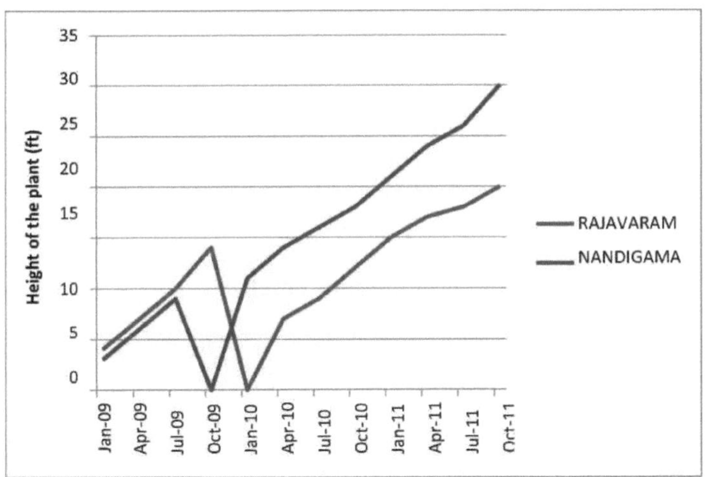

Figura 4: Diagrama de linhas mostrando a altura média da planta (ft) no espaçamento 3x3m

Perímetro da planta no espaçamento 3x3m:

O aumento da circunferência em Rajavaram foi mais rápido no primeiro ano e depois abrandou nos dois anos seguintes. O aumento foi apenas marginal durante o terceiro ano (6,9 a 8,3 polegadas). Foram plantadas mudas de um ano no campo, que apresentaram 2,2, 1,9 e 1,4, no final do 1º, 2º e 3º anos de estudo, respetivamente (Quadro 9)

Tabela 9: Perímetro médio da planta (polegadas) no espaçamento 3x3m

Mean girth of the plant (inch) at 3x3m spacing												
	Jan-09	Apr-09	Jul-09	Oct-09	Jan-10	Apr-10	Jul-10	Oct-10	Jan-11	Apr-11	Jul-11	Oct-11
RAJAVARA	**2.8**	**3.4**	**3.9**	**4.5**	***5**	**5.4**	**5.9**	**6.4**	**6.9**	**7.4**	**7.8**	**8.3**
NANDIGAMA	**3.2**	**3.8**	**4.4**	***5**	**5.6**	**6.2**	**7**	**7.7**	**8.5**	**9.2**	**9.9**	**10.8**

*Prunido

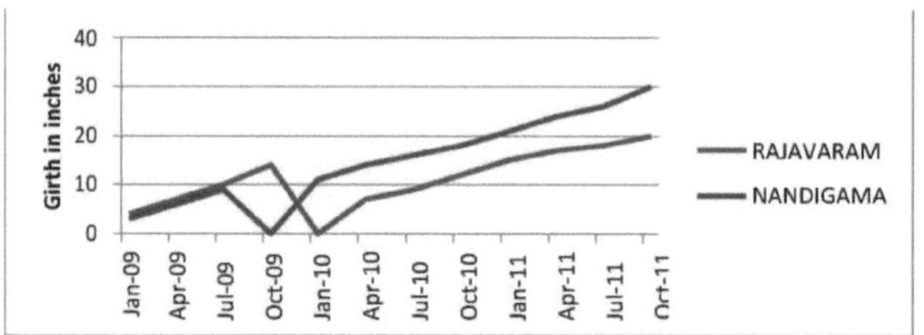

Figura 5: Diagrama de linhas mostrando a circunferência média da planta (polegadas) no espaçamento 3x3m

Número de ramos num espaçamento de 3x3m:

O número de ramos numa planta é uma indicação do crescimento saudável da planta. Inicialmente, as mudas tinham três e quatro ramos em Nandigama e Rajavaram, respetivamente. O número de ramos em cada árvore aumentou para 14 em Rajavaram em outubro de 2009 e, após a poda em janeiro de 2010, só restavam 5 ramos; no ano seguinte, foram acrescentados 10 ramos a cada árvore e, finalmente, no final do período de estudo, o número de ramos aumentou para 20. No entanto, a plantação em Nandigama, embora plantada com três ramos, acabou por crescer com 30 ramos. Aquando da poda, restavam 7 ramos (outubro de 2009) e, nos anos seguintes, o número de ramos aumentou substancialmente. Registou-se um aumento de 15 ramos em Rajavaram e de 23 ramos em Nandigama (quadro 10)

Tabela 10: Número médio de ramos por planta no espaçamento 3x3m

Mean number of branches per plant at 3x3m spacing												
	Jan-09	Apr-09	Jul-09	Oct-09	Jan-10	Apr-10	Jul-10	Oct-10	Jan-11	Apr-11	Jul-11	Oct-11
RAJAVARAM	4	7	10	14	*5	7	9	12	15	17	18	20
NANDIGAMA	3	6	9	*7	11	14	16	18	21	24	26	30

- Após a poda

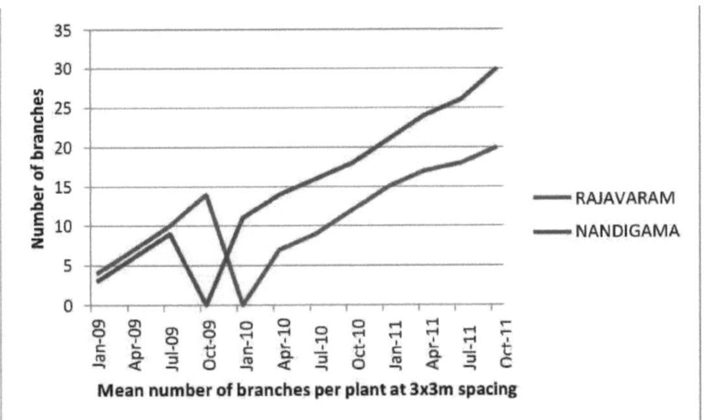

Fig 6: Diagrama de linhas mostrando o número médio de ramos por planta no espaçamento 3x3m

Floração no espaçamento 3x3m:

A poda induziu o aumento do número de ramos. Após a poda em novembro de 2009, a floração foi iniciada em Rajavaram e, inicialmente, 4% de floração foi registada em janeiro de 2010. A floração foi registada mais cedo na outra estação (Nandigama) após a poda em Out-09, tendo-se registado 2,1% de floração no final de Out-09. Houve um aumento lento da percentagem de floração em Rajavaram de 4 para 40% no final do período de estudo (Out-11). Mas, um aumento consideravelmente bom foi observado na outra estação até 69%. Esta percentagem máxima de floração foi contribuída por muitos factores, que serão discutidos nos próximos tópicos. No espaçamento 3x3m, no final do 4º ano da planta, foi registado um mínimo de 40% e um máximo de 69% de floração (Quadro 11).

Tabela 11: Média da % de floração no espaçamento 3x3m

	Mean % of flowering at 3x3m spacing											
	Jan - 09	Apr - 09	Jul - 09	Oct - 09	Jan - 10	Apr - 10	Jul - 10	Oct - 10	Jan - 11	Apr - 11	Jul - 11	Oct - 11
RAJAVARAM	0	0	0	0	4	8.1	13.6	18	23.4	27	33.5	40
NANDIGAMA	0	0	0	2.1	7	13	23	34.5	47	54	62	69

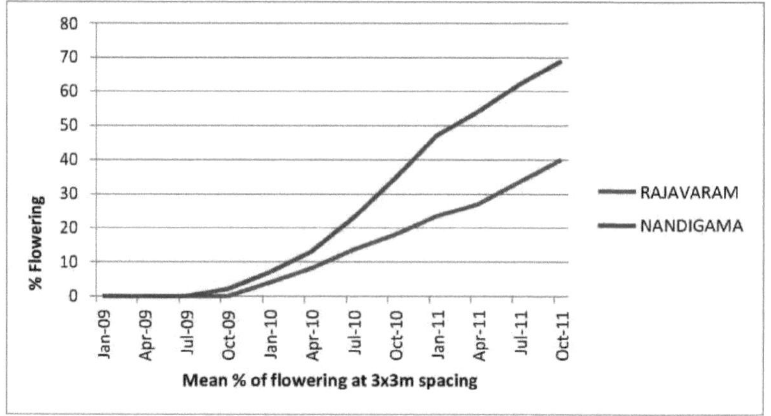

Fig 7: Diagrama de linhas mostrando a % média de floração no espaçamento 3x3m

A frutificação e a semente seca são colocadas num espaçamento de 3x3m:

A frutificação e a produção de sementes também foram registadas em linhas semelhantes às da floração. A percentagem de frutificação foi influenciada pela % de floração e pelas condições favoráveis para a formação de frutos a partir da flor.

Embora 4% da floração tenha sido observada em Jan-10 por Rajavaram, a frutificação foi registada em abril-10. A percentagem de frutificação muito insignificante foi registada em abril-10 como 0,4%, que mostrou um aumento de 29,6% em outubro-11, registando uma frutificação final de 30%.

A produção de sementes não pôde ser registada até outubro de 2010, apesar de terem sido registadas percentagens mínimas de floração e frutificação. Em outubro de 2010, foi registada uma produção de sementes de 3,9%, que aumentou 19,7% num ano (3,9%-23,6%), ou seja, em outubro de 2011.

Entre outras estações de espaçamento 3x3m, Nandigama mostrou a sua primeira frutificação como 0,8% em Out-09 e foi gradualmente aumentada para 50,2% em Out-11, mostrando um aumento de 18,6% (0,8-19,4%) no primeiro ano e 30,85 no segundo ano (19,4- 50,2%). Isto resultou numa percentagem consideravelmente boa de produção de sementes. As primeiras sementes secas foram recolhidas em outubro de 2009 e a percentagem foi de 0,3%. Posteriormente, registou-se um aumento de 20,6% no primeiro ano (0,3-20,9% de Out-09 a Out-10) e de 19,1% no segundo ano (20,9-40% de Out-10 a Out-11) (quadros 12 e 13).

Tabela 12: Média da % de frutificação no espaçamento 3x3m

Mean % of fruiting at 3x3m spacing												
	Jan-09	Apr-09	Jul-09	Oct-09	Jan-10	Apr-10	Jul-10	Oct-10	Jan-11	Apr-11	Jul-11	Oct-11
RAJAVARAM	0	0	0	0	0	0.4	2.7	6.4	10.6	16.7	23	30
NANDIGAMA	0	0	0	0.8	3.9	8.1	14	19.4	25.2	34.3	42.4	50.2

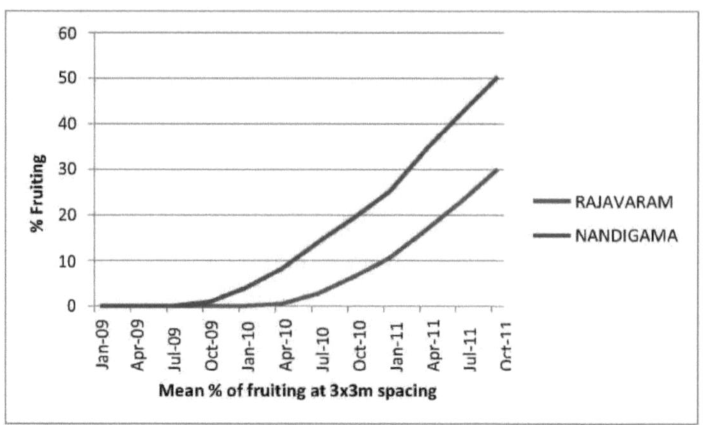

Fig 8: Diagrama de linhas mostrando a % média de frutificação no espaçamento 3x3m

Quadro 13: Percentagem média de produção de sementes no espaçamento 3x3m

Mean % of seed output at 3x3m spacing												
	Jan-09	Apr-09	Jul-09	Oct-09	Jan-10	Apr-10	Jul-10	Oct-10	Jan-11	Apr-11	Jul-11	Oct-11
RAJAVARAM	0	0	0	0	0	0	0	3.9	7.6	12.1	15	23.6
NANDIGAMA	0	0	0	0.3	2.2	6.5	10.7	15	20.9	27	33.5	40

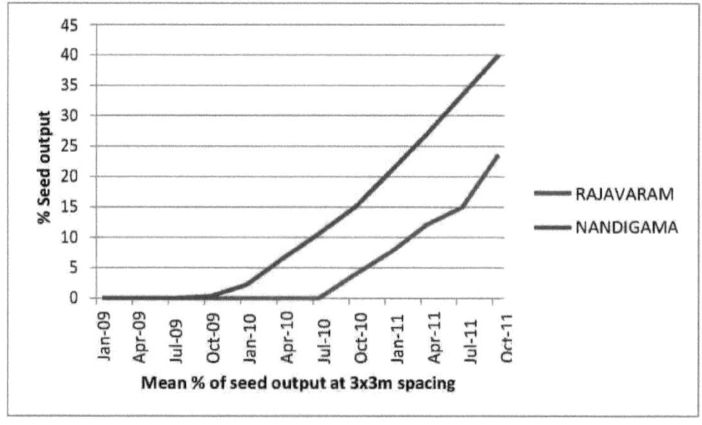

Fig 9: Diagrama de linhas mostrando a % média de produção de sementes no espaçamento 3x3m

4.2.1. (ii). Intervalo de espaçamento de 2x2m:

Crescimento físico da planta num espaçamento de 2x2m:

O espaçamento de 2x2m e 3x3m foi mantido na estação de Nandigama. O espaçamento de 2x2m estava presente em 20 acres. A poda foi efectuada em outubro de 2009 até uma altura de 3,3 pés, o que resultou no aumento da circunferência em 2,7 polegadas num ano e também induziu a floração, acrescentando novos ramos à planta.

Antes da poda a planta tinha 9 ramos e mais tarde observou-se um crescimento mais rápido em termos de altura da planta (3,3 a 15 pés) e também o número médio de ramos por planta (7-30) de Out-09 a Out-11.

Assim, o espaçamento de 2x2m apoiou o crescimento físico da planta em termos de altura, perímetro médio e número de ramos (Quadro 14).

Quadro 14: Crescimento físico da planta num espaçamento de 2x2m

Physical growth of the plant at 2x2m spacing												
	Jan-09	Apr-09	Jul-09	Oct-09	Jan-10	Apr-10	Jul-10	Oct-10	Jan-11	Apr-11	Jul-11	Oct-11
Height of the plant (ft)	4.2	5.1	5.6	*3.3	5.8	6.7	7.5	8.8	11.2	12.4	13.5	15
Girth of the plant (inc)	3.2	3.8	4.4	*5	5.6	6.2	7	7.7	8.5	9.2	9.9	10.8
No. of branches/plant	3	6	9	*7	11	14	16	18	21	24	26	30

- Após a poda

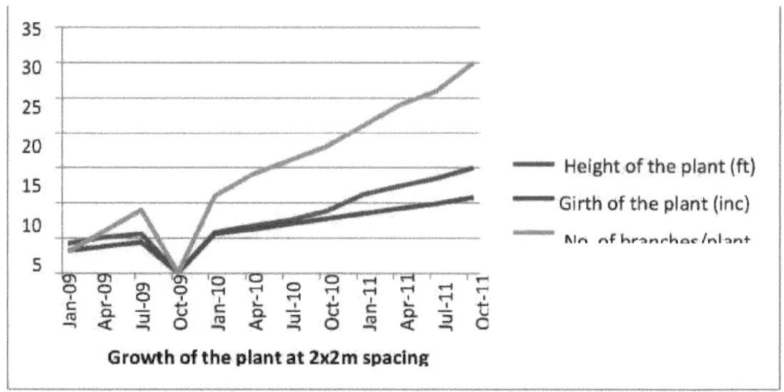

Fig 10: Diagrama de linhas mostrando o crescimento físico da planta no espaçamento 2x2m

Fenologia no espaçamento 2x2m:

Com este espaçamento, a densidade de plantas foi moderada, o que permitiu à planta absorver uma quantidade suficiente de luz solar para a fotossíntese e também os nutrientes necessários do solo. Devido a este facto, a planta apresentou um melhor crescimento físico, bem como uma melhor fenologia.

A floração sazonal foi boa de janeiro a abril, e até ao final de outubro de 2010, foram registados 34,5% de floração, 19,4% de frutificação e 15% de produção de sementes, respetivamente. Estas percentagens aumentaram com a maturidade da planta e atingiram 69%, 50,2% e 40%, respetivamente, no final de Out-11.

Para além do espaçamento ideal, alguns outros factores como a suplementação regular de água e a disponibilidade de nutrientes ajudaram a planta a produzir percentagens mais elevadas de floração, frutificação e produção de sementes consideravelmente boas, o que será discutido em pormenor nos resultados subsequentes (Quadro 15).

Tabela 15: % de floração, frutificação e produção de sementes no espaçamento 2x2m.

% of Flowering, Fruiting and Seed output at 2x2m spacing												
	Jan - 09	Apr - 09	Jul - 09	Oct - 09	Jan - 10	Apr - 10	Jul - 10	Oct - 10	Jan - 11	Apr - 11	Jul - 11	Oct - 11
% Flowering	0	0	0	2.1	7	13	23	34.5	47	54	62	69
% Fruiting	0	0	0	0.8	3.9	8.1	14	19.4	25.2	34.3	42.4	50.2
% Seed output	0	0	0	0.3	2.2	6.5	10.7	15	20.9	27	33.5	40

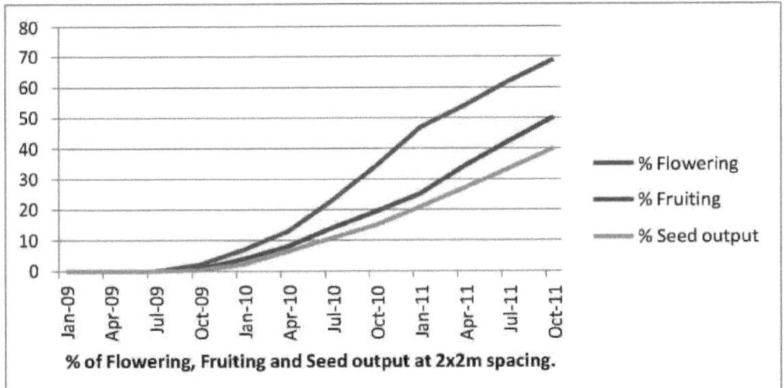

Fig 11: Diagrama de linhas mostrando % de floração, frutificação e produção de sementes no espaçamento 2x2m.

4.2.1. (iii). Intervalos de espaçamento de 1x1m e 1,5x1,5m:

Crescimento físico e fenologia em espaçamentos de 1x1m e 1,5x1,5m:

Foram mantidas altas densidades de plantas no local de controlo (Chandarlapadu), uma vez que as plantas foram cultivadas com espaçamentos de 1x1m e 1,5x1,5m, cada um em 0,5 acres, a fim de comparar o crescimento da planta com outras plantações. Aqui, o crescimento físico da planta mostrou uma diminuição comparativamente mais ligeira com as plantações com espaçamento de 2x2m, em termos de altura da planta e perímetro médio da planta. A plantação total no local de controlo foi podada duas vezes em outubro de 2009 e novembro de 2010, a uma altura de 1,80 m e 1,80 m, respetivamente. Isso ajudou a planta a aumentar o número de ramos e, assim, resultou no aumento da floração, frutificação e produção de sementes secas (Tabela 16).

Quadro 16: Crescimento físico da planta nos espaçamentos 1x1m e 1,5x1,5m

Physical growth of the plant at 1x1m and 1.5x1.5m spacings												
	Jan-09	Apr-09	Jul-09	Oct-09	Jan-10	Apr-10	Jul-10	Oct-10	Jan-11	Apr-11	Jul-11	Oct-11
Height of the plant (ft)	4.3	5.3	6	*3.5	6	6.7	7.4	8.6	*10.8	11.9	13.2	14.5
Girth of the plant (inc)	3.2	3.8	4.3	*4.9	5.5	6.2	6.9	7.6	*8.4	9	9.7	10.5
No. of branches/plant	3	6	9	*7	11	14	16	18	*20	23	26	30

- Após a poda

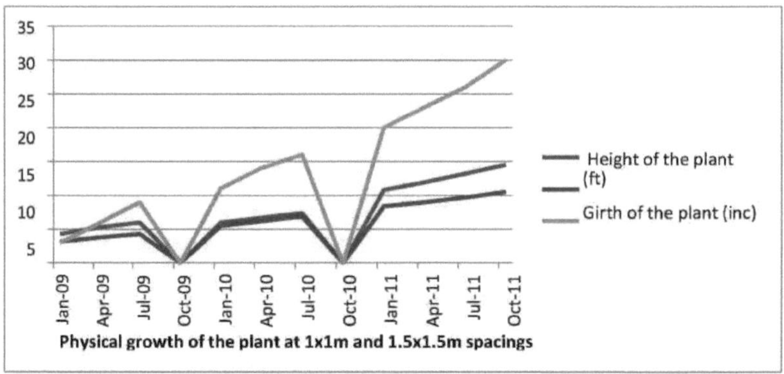

Fig 12: Diagrama de linhas mostrando o crescimento físico da planta em 1x1m e

Espaços de 1,5x1,5m

A floração foi inicialmente notada em Dez-09 e finalmente alcançou 72% em Out-11. Da mesma forma, a frutificação e a produção de sementes aumentaram de 31% e 24,8% (Out-10) para um final de 61,1% e 51,2%, respetivamente, ou seja, foi observado um aumento quase duas vezes maior num ano (Quadro 17).

Tabela 17: % de floração, frutificação e produção de sementes nos espaçamentos 1x1m e 1,5x1,5m

% of Flowering, Fruiting and Seed output at 1x1m and 1.5x1.5m spacings												
	Jan - 09	Apr - 09	Jul - 09	Oct - 09	Jan - 10	Apr - 10	Jul - 10	Oct - 10	Jan - 11	Apr - 11	Jul - 11	Oct - 11
% Flowering	0	0	0	2.5	7	13.5	25	37.5	48	57	64.5	72
% Fruiting	0	0	0	1	6.5	13	23.5	31	42.2	48	55.8	61.1
% Seed output	0	0	0	0.4	3.1	9.8	18.2	24.8	33.7	39.1	45.7	51.2

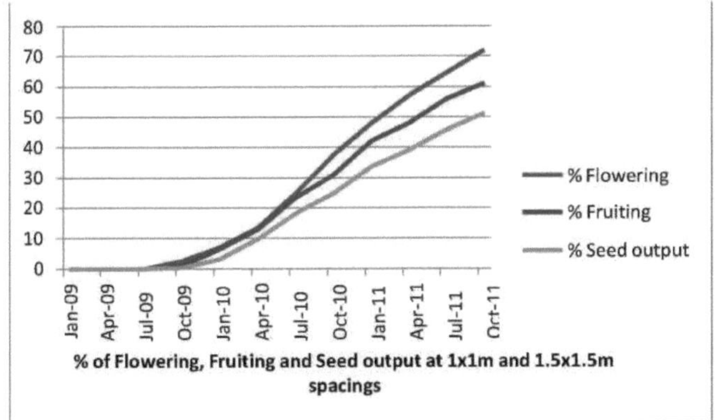

Fig 13: Diagrama de linhas mostrando % de floração, frutificação e produção de sementes nos espaçamentos 1x1m e 1,5x1,5m

As percentagens mais elevadas registadas nos espaçamentos 1x1m e 1,5x1,5m devem-se à poda regular, à disponibilidade de nutrientes e de água. Estes factores ajudaram a planta a superar o efeito de aglomeração (espaçamento).

Os resultados revelaram que, com a suplementação regular de água e nutrientes, podem ser alcançadas percentagens mais elevadas de produção de sementes, mesmo nas parcelas com espaçamentos mínimos (parcelas de alta densidade).

4.2.2. Plantações de fronteira:

Foram mantidos dois espaçamentos diferentes em todas as quatro plantações de , 3m em três estações de campo (viz., Kuntamukkala, Morusumilli e Pulluru) e 2m na outra estação, viz., Nekkalam. Os crescimentos físicos, bem como a fenologia, foram observados nestes dois espaçamentos através do registo de observações trimestrais.

4.2.3. (i). Distância de 3 m entre plantas:

Crescimento físico a 3m de distância:

As plantas *de Jatropha* foram cultivadas numa fila única como vedação ao longo dos quatro limites da horta de mangas, a uma distância de 3m, nas 3 estações de estudo viz., Kuntamukkala, Morusumilli e Pulluru. Tinham a idade de um ano na altura da plantação e uma altura de 3,9 pés, 4 pés e 4,1 pés, respetivamente.

No primeiro ano, entre estas 3 estações de estudo, a plantação de Kuntamukkala mostrou uma taxa de crescimento mais rápida em termos de altura, enquanto a plantação de Pulluru registou o maior perímetro e número de ramos durante a mesma duração.

Mais tarde, a plantação de Morusumilli mostrou a maior altura e o maior número de ramos entre as 3 estações com espaçamento de 3m em Out-11 (Tabela 18 - 20).

Tabela 18: Altura média da planta (ft) no espaçamento de 3m

Mean height of the plant (ft) at 3m spacing												
	Jan-09	Apr-09	Jul-09	Oct-09	Jan-10	Apr-10	Jul-10	Oct-10	Jan-11	Apr-11	Jul-11	Oct-11
Kuntamukkala	3.9	5.3	5.9	7.5	8.3	8.8	*5.5	6.7	8.4	9.1	9.9	11.1
Morusumilli	4	4.8	5.4	5.9	6.4	*4.9	6.3	7.7	9.1	10.7	11.4	12.5
Pulluru	4.1	4.8	5.5	6	6.6	*4.7	5.6	7	8.6	9.7	10.5	11.9

- Após a poda

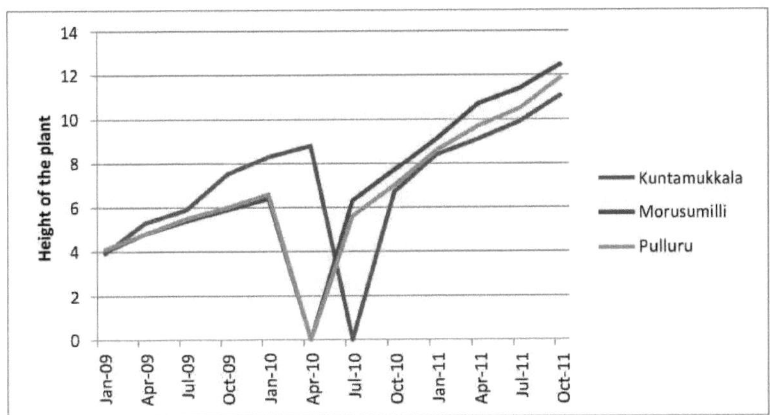

Fig. 14 : Diagrama de linhas mostrando a altura média da planta (ft) num espaçamento de 3m

Quadro 19 : Perímetro médio da planta (polegadas) no espaçamento de 3m

Mean girth of the plant (inches) at 3m spacing												
	Jan-09	Apr-09	Jul-09	Oct-09	Jan-10	Apr-10	Jul-10	Oct-10	Jan-11	Apr-11	Jul-11	Oct-11
Kuntamukkala	2.9	3.5	3.9	4.5	5.1	5.5	*5.9	6.5	7.1	7.6	8.1	8.8
Morusumilli	3	3.5	3.9	4.6	5.2	*5.6	6.1	6.8	7.4	8	8.7	9.5
Pulluru	3.1	3.6	4.2	4.8	5.5	*6	6.5	7.1	7.7	8.3	8.9	9.6

- Após a poda

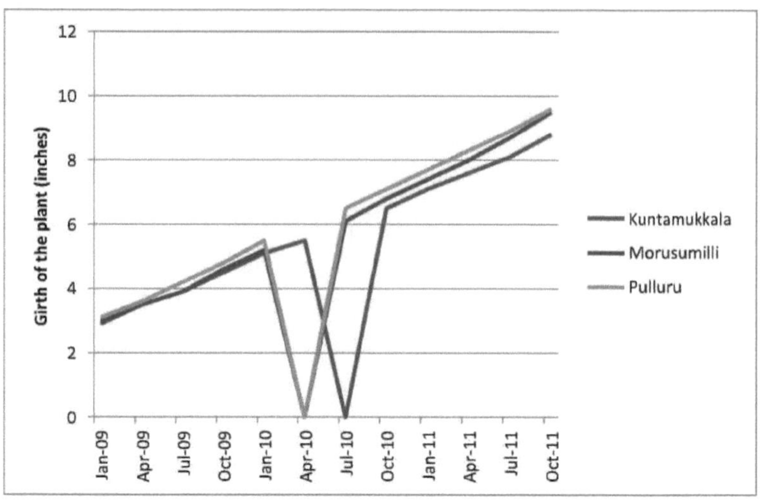

Fig 15: Diagrama de linhas mostrando a circunferência média da planta (polegadas) no espaçamento de 3m

Quadro 20: Número médio de ramos por planta no espaçamento de 3 m

Mean number of branches per plant at 3m spacing												
	Jan-09	Apr-09	Jul-09	Oct-09	Jan-10	Apr-10	Jul-10	Oct-10	Jan-11	Apr-11	Jul-11	Oct-11
Kuntamukkala	4	5	7	9	12	14	*6	10	14	17	20	22
Morusumilli	5	7	8	11	14	*12	15	19	21	24	26	29
Pulluru	5	7	9	12	15	*11	14	17	19	21	23	25

*Após a poda

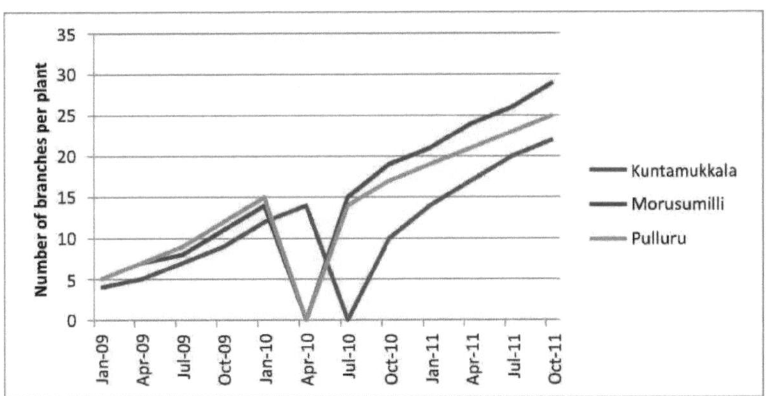

Fig 16: Diagrama de linhas mostrando o número médio de ramos por planta no espaçamento de 3m

Fenologia a 3m de distância:

A floração começou mais cedo em Kuntamukkala, mesmo antes da poda. Após a poda, a percentagem de floração aumentou em relação ao número médio de ramos. Até 60% de floração foi registada em Out-11. Mas a % de frutificação e a produção de sementes foram limitadas a 39% e 30%, respetivamente, ou seja, apenas metade da percentagem de floração.

Nas duas estações restantes, neste espaçamento, a percentagem de floração foi muito inferior à percentagem de floração da plantação de Kuntamukkala, ou seja, inferior a 30,5%, e foi registada uma produção final de sementes muito inferior, ou seja, inferior a 10,5% (10,2% em Morusumilli e 10% em Pulluru).

Houve uma diferença considerável na fenologia entre essas estações na mesma distância de plantio de 3m. A maior % de floração, frutificação e produção de sementes na estação de Kuntamukkala foi devido à suplementação regular de água por gotejamento, enquanto a menor % foi devido à irregularidade na disponibilidade de água durante a época de floração nas outras duas estações (Tabela 21-23).

Tabela 21: Média da % de floração no espaçamento de 3m

Mean % of flowering at 3m spacing												
	Jan-09	Apr-09	Jul-09	Oct-09	Jan-10	Apr-10	Jul-10	Oct-10	Jan-11	Apr-11	Jul-11	Oct-11
Kuntamukkala	0	0	0	3	6.5	13	23.5	31	43	48	55	60
Morusumilli	0	0	0	0	3	5	10.6	16	21.4	23.5	26	30.5
Pulluru	0	0	0	0	2.7	5.1	10.3	15.7	21	23	27	30

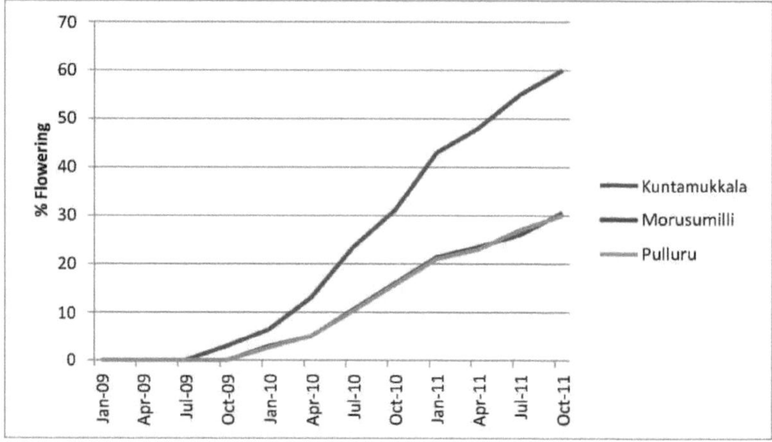

Fig 17: Diagrama de linhas mostrando a % média de floração no espaçamento de 3m

Tabela 22: Média da % de frutificação no espaçamento de 3m

Mean % of fruiting at 3m spacing												
	Jan - 09	Apr - 09	Jul - 09	Oct - 09	Jan - 10	Apr - 10	Jul - 10	Oct - 10	Jan - 11	Apr - 11	Jul - 11	Oct - 11
Kuntamukkala	0	0	0	1.2	4	8.1	13.6	18	22.9	27	33.5	39
Morusumilli	0	0	0	0	0	0	1.4	3.9	6.5	9.7	12	15.5
Pulluru	0	0	0	0	0	0	1.3	3.7	6.2	9.1	12	15

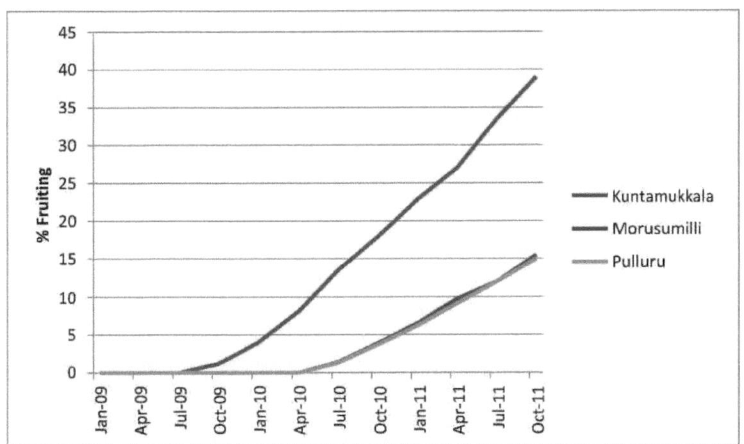

Fig 18: Diagrama de linhas mostrando a % média de frutificação no espaçamento de 3m

Quadro 23: Percentagem média de produção de sementes com um espaçamento de 3 m

Mean % of seed output at 3m spacing												
	Jan - 09	Apr - 09	Jul - 09	Oct - 09	Jan - 10	Apr - 10	Jul - 10	Oct - 10	Jan - 11	Apr - 11	Jul - 11	Oct - 11
Kuntamukkala	0	0	0	0.4	1.8	4	6.2	8.1	11.9	16.7	23	30
Morusumilli	0	0	0	0	0	0	0.3	1.1	4.3	6.5	7.8	10.2
Pulluru	0	0	0	0	0	0	0.2	1	4.1	6.4	7.7	10

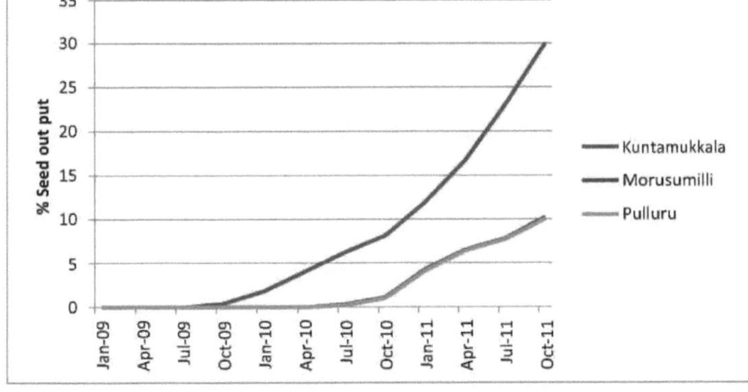

Fig 19: Diagrama de linhas mostrando a % média de produção de sementes no espaçamento de 3m

4.2.2. (ii). Distância entre plantas de 2 m:

Crescimento físico e fenologia a 2m de distância:

O crescimento físico em termos de altura, perímetro e número médio de ramos foi comparativamente menor com o espaçamento de 3m. Mas, em contraste, as percentagens de floração, frutificação e produção de sementes foram boas, 43-6%, 33,7% e 26%, respetivamente, que foram moderadas entre as três estações de espaçamento de 3m (Tabela 24-25).

Quadro 24: Crescimento físico da planta com espaçamento de 2m

Physical growth of the plant at 2m spacing												
	Jan-09	Apr-09	Jul-09	Oct-09	Jan-10	Apr-10	Jul-10	Oct-10	Jan-11	Apr-11	Jul-11	Oct-11
Height of the plant (ft)	3.7	4.7	5.4	6.3	*4.5	5.2	6	6.9	8.1	8.6	9.1	10
Girth of the plant (inc)	2.9	3.5	4	4.5	*5	5.4	5.9	6.4	7	7.6	8	8.5
No. of branches/plant	4	7	11	14	*7	9	10	13	16	18	21	23

*Prunido

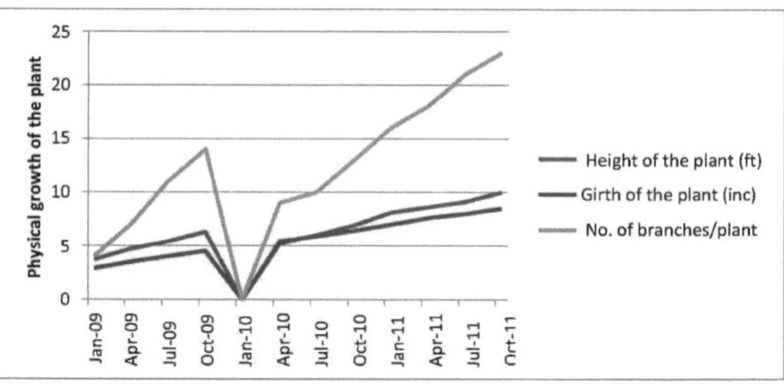

Fig. 20: Diagrama de linhas mostrando o crescimento físico da planta com espaçamento de 2m

Tabela 25: % de floração, frutificação e produção de sementes no espaçamento de 2m

% of Flowering, Fruiting and Seed output at 2m spacing												
	Jan-09	Apr-09	Jul-09	Oct-09	Jan-10	Apr-10	Jul-10	Oct-10	Jan-11	Apr-11	Jul-11	Oct-11
% Flowering	0	0	0	0	4	8.3	13.9	20.2	27.2	31.5	39	43.6
% Fruiting	0	0	0	0	0	0.8	3.2	7.2	12.7	18.4	27.2	33.7
% Seed output	0	0	0	0	0	0.1	2.4	4.3	7.9	13.6	18.7	26

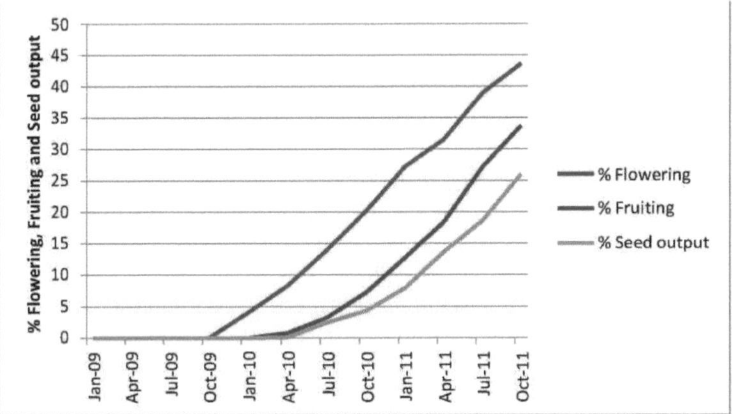

Fig 21: % de floração, frutificação e produção de sementes no espaçamento de 2m

1.1.3. Balanço comparativo sobre o efeito do espaçamento:

No primeiro ano de plantio, houve uma diferença na altura da planta entre as estações de plantio em diferentes espaçamentos. Foi observada uma diferença de 1 pé de altura antes da poda nos espaçamentos de 1x1m e 1,5x1,5m, seguida de uma distância de 3m da cultura limite (Kuntamukkala). Nos estágios posteriores, houve uma diferença notável na altura no caso das plantações em bloco e nas plantações limítrofes. As plantações em bloco apresentaram uma altura superior a 14,5 pés, exceto a plantação de Rajavaram (9,5 pés), enquanto a altura máxima registada nas culturas de fronteira foi de 12,5 pés.

No caso da circunferência e do número de ramos por árvore, também se obtiveram resultados semelhantes. Os espaçamentos de 3x3m, 2x2m, 1x1m e 1,5x1,5m (plantações em bloco), exceto Rajavaram, registaram uma circunferência média superior a 10,5 polegadas (Rajavaram apenas 8,3 polegadas). As plantações limítrofes apresentaram um perímetro médio de 9,6 polegadas de altura (variação de 8,5-9,6 polegadas).

Também no que respeita ao número de ramos, os espaçamentos das plantações em bloco apresentavam uma média de 30 ramos, exceto Rajavaram (20), enquanto os espaçamentos limítrofes variavam entre 22 e 29.

Nas quatro plantações limítrofes, exceto na estação de Kuntamukkala, a floração foi registada abaixo dos 45% (menos -30% em Pulluru e mais 43,6% em Nekkalam). Nos espaçamentos entre blocos, a floração foi registada entre 40% e 72%, sendo a menor em Rajavaram (40%) e a maior (72%) no local de controlo (1x1m e 1,5x1,5m).

Tendência semelhante foi observada no caso das percentagens de frutificação e de produção de sementes. As plantações em bloco mostraram percentagens consideravelmente boas, mesmo com o espaçamento mínimo (1x1m), quando comparadas com os espaçamentos limítrofes. As percentagens mais elevadas puderam ser alcançadas no local de controlo, apesar de este ser mais adensado. Isto foi devido à suplementação de nutrientes do exterior e também à rega regular por gotejamento. Estes ajudaram a absorver os nutrientes necessários do solo e assim superar o efeito do espaçamento. Rajavaram, embora fosse uma plantação em bloco com espaçamento de 3x3m não pôde mostrar um aumento notável no crescimento e na fenologia. A razão foi a irregularidade na disponibilidade de nutrientes e água, uma vez que se tratava de uma plantação alimentada pela chuva.

Os resultados acima revelaram que o espaçamento por si só não terá muita influência sobre o crescimento e a produtividade da planta. O espaçamento de 2x2m parece ser ideal em plantações em bloco sem suplementar os nutrientes e com a adição de nutrientes o rendimento foi elevado mesmo no espaçamento mínimo. Em plantações limítrofes, a distância de 3m com rega regular é ideal para aumentar o rendimento.

4.3. Impacto da poda

A poda foi efectuada para reforçar o caule principal e também para aumentar o número de ramos por planta. As diferentes estações de campo foram podadas em alturas diferentes. Todas as estações foram podadas uma vez, exceto o local de controlo (local de Chandarlapadu), que foi podado duas vezes. A poda foi efectuada em Kuntamukkala em julho de 2010, em Morusumilli e Pulluru em fevereiro de 2010, em Rajavaram e Nekkalam em novembro de 2009 e em Nandigama em outubro de 2009. A plantação de Chandarlapadu foi podada duas vezes, em outubro de 2009 e novembro de 2010.

Efeito da poda sobre o crescimento da *Jatropha*:

A altura das plantas a partir da superfície do solo, em pés, e o número de ramos por planta foram medidos antes e depois da poda, para comparar o crescimento em diferentes blocos (Rajavaram, Nandigama e Chandarlapadu) e plantações limítrofes (Kuntamukkala, Morusumilli, Pulluru e Nekkalam). A poda melhorou o crescimento da *Jatropha*. A altura e o número de ramos aumentaram após a poda. (Quadro 26)

Tabela 26: Poda de *Jatropha* em diferentes estações de campo

S. No	Field Station	Time of pruning	Height of the plant before pruning (ft)	Height of the plant after pruning (ft)
1	Kuntamukkala	July-2010	8.8	5.5
2	Morusumilli	Feb-2010	6.4	4.7
3	Pulluru	Feb-2010	6.6	4.5
4	Rajavaram	Nov-2009	6.4	4.2
5	Nekkalam	Nov-2009	6.3	4.5
6	Nandigama	Oct-2009	5.6	3.3
7	Chandarlapadu	Oct-2009 Nov-2010	6.0 8.6	3.5 7.8

4.3.1. (i). Efeito da poda em plantações em bloco de *Jatropha* na altura das plantas:

A altura da planta em Rajavaram em janeiro de 2009 era de 3,8 pés. Cresceu até 6,4 pés em outubro de 2009 antes da poda em novembro de 2009. Em seguida, foi podada para 4,2 pés e mostrou um crescimento adicional de 3,6 pés (4,2-7,8 pés) num ano. Depois, de Jan-11 a Out-11, cresceu até 9,5 pés. De Out-10 a Out-11 mostrou um aumento de 2,8 pés (6,7-9,5 pés).

A altura da planta em Nandigama foi registada como 4,2 pés em Jan-09. Foi podada a uma altura de 5,6 pés em outubro de 2009, até 3,3 pés. Após a poda, o crescimento foi bom e mostrou um aumento de 5,5 pés (3,3-8,8 pés) em um ano, de outubro de 2009 a outubro de 2010, e no ano seguinte mostrou um aumento de 6,2 pés (8,8-15 pés). O crescimento foi maior de Out-10 a abril-11 (aumento de 3,6 pés) quando comparado com abril-11 a Out-11 (aumento de 2,6 pés). (Tabela 8)

A plantação de Chandarlapadu foi submetida à primeira poda em outubro de 2009, de uma altura de 6 pés para 4 pés. Após a poda, em janeiro de 2010, o crescimento foi registado em 6 pés em janeiro de 2010. O número de ramos foi aumentado de 3 para 11, mostrando um aumento de 8 ramos num ano de duração. Em seguida, em outubro de 2010, o crescimento da planta foi medido em 8,6 pés de altura, e a plantação foi novamente podada em novembro de 2010 a uma altura de 8,6 pés para 7,8 pés. Após a poda, o crescimento foi mais positivo e a altura foi aumentada para 14,5 pés, e os ramos foram aumentados para 30 por planta. (Tabela 16)

Antes da poda, num ano o aumento em altura foi registado como 2,6 pés em Rajavaram e depois da poda foi registado como 3,6 pés (4,2-7,8 pés de Jan-10 a Jan-11). Em Nandigama, antes da poda, o aumento da altura foi de 1,4 pés em 9 meses (de janeiro de 2009 a julho de 2009). Após a poda, registou-se um aumento de 3,4 pés em 9 meses (Out-09 a Abr-2010). Em Chandarlapadu, a altura aumentou 1,7 pés em 9 meses (Jan-09 a Out-09) antes da poda e, após a poda, registou-se um aumento de 3,2 pés de Out-2009 a Abr-10. Após segunda poda, registou-se um aumento de 6,7 pés (7,8 a 14,5 pés) de novembro de 2010 a outubro de 2011.

Assim, durante o período de estudo (janeiro de 2009 a outubro de 2011), a plantação de Rajavaram registou um aumento de 5,7 pés de altura, enquanto o local de Nandigama registou um aumento de 11,8 pés após uma poda. O local de controlo, após duas podas, apresentou um aumento de 10,2 pés de altura.

4.3.2. (ii). Efeito da poda em plantações em bloco de *Jatropha* no número de ramos: O número de ramos por planta foi contado nestas estações de estudo. O número de ramos foi registado como 4 em Jan-09 no sítio de Rajavaram. O número aumentou para 14 em outubro de 2009. A poda foi efectuada em novembro de 2009, apenas até 5 ramos. No espaço de um ano, os ramos aumentaram 10 (5-15) e foram registados 15 em Jan-11. Finalmente, foram identificados 20 ramos por planta em outubro de 11.

Inicialmente, havia 3 ramos em janeiro de 2009 na plantação de Nandigama. Antes da poda em Out-09, o número era de 11 e foi podado para 7 ramos. De Out-09 a Out-10, ou seja, num ano de duração, registou-se um aumento de 11 ramos (7-18). No ano seguinte (Out-10 a Out-11) registou-se um aumento de 12 ramos (18-30).

Foram identificados três ramos na plantação de Chandarlapadu em janeiro de 2009, tendo aumentado para 9 antes da poda. Após a poda, havia 7 ramos no final de Out-9 e registou-se um aumento de 11 ramos num ano (7-18). Em seguida, foi podada pela segunda vez em novembro de 2010, passando de 18 para 15 ramos. Em Out-11, finalmente, os ramos foram contados como 30. Assim, o número de ramos aumentou de 3 para 30 desde Jan-09 a Out-11.

Durante o período de estudo (Jan-09 a Out-11), as plantações em bloco viz., Rajavaram site mostrou um aumento de 16 ramos (4-20), Nandigama site mostrou um aumento de 27 ramos (3-30) depois de ser submetido a poda uma vez enquanto Chandarlapadu site mostrou um aumento de 27 ramos (3-30) depois de ser submetido a poda duas vezes.

4.3.3. (i) Efeito da poda em plantações limítrofes de *Jatropha* na altura:

A altura da planta em Kuntamukkala, em janeiro de 2009, foi medida em 3,9 pés. Mostrou um aumento de 4,4 pés (ou seja, até 8,3 pés) num ano. Antes da poda em julho de 2010, atingiu uma altura de 8,8 pés. Foi podada em julho de 2010 de 8,8 pés para 5,5 pés. Mais tarde, cresceu até 11,1 pés em outubro de 2011. O crescimento médio foi menos relatado devido à superfície rochosa e à ausência de luz solar direta em algumas partes da plantação.

A altura da planta em Morusumilli em janeiro de 2009 era de 4 pés, tendo crescido até 6,4 pés num ano. A poda foi feita em Fev-2010 a uma altura de 6.4ft para 4.7ft e mais tarde registou a sua altura como 7.7ft em

Out-10. De Out-10 a Out-11 cresceu até 12,5 pés.

A altura da planta em Pulluru com espaçamento de 3m foi registada como 4,1 pés em Jan-09. Num ano, registou um aumento de 2,5 pés. Foi podada a uma altura de 6,6 pés em fevereiro de 2010, até 4,5 pés. Após a poda, apresentou um aumento de 2,5 pés (4,57 pés) no final de outubro de 2010. No período de um ano, de outubro de 2010 a outubro de 2011, registou-se um aumento de 7-11,9 pés. (Tabela 18 - 20 e 24).

De janeiro de 2009 a outubro de 2011, em Kuntamukkala a altura aumentou de 3,9 pés para 11,1 pés (aumento de 7,2 pés), em Morusumilli a altura aumentou de 4 pés para 12,5 pés (aumento de 8,5 pés) e em Pulluru a altura aumentou de 4,1 pés para 11,9 pés (aumento de 7,7 pés), incluindo uma poda. A altura da planta em Jan-09 foi registada como 3,7 pés na plantação de Nekkalam e atingiu uma altura de 6,3 pés em Out-09, antes da poda. Em seguida, foi podada para 4,5 pés em novembro de 2009. Após a poda, registou-se um aumento de 2,4 pés (4,5-6,9 pés) em Out-10. Depois a altura final foi medida como 10 pés em Out-11.

4.3.4. (ii). Efeito da poda nas plantações limítrofes no número médio de ramos de *Jatropha*: O número de ramos foi inicialmente contado como 4 em Kuntamukkala em janeiro de 2009. O número aumentou para 9 em outubro de 2009 e foi registado como 6 após a poda em julho de 2010. Em outubro de 2010, foram contados 10, o que mostra um aumento de 12 ramos (10-22) num ano.

O número de ramos foi registado como 5 em Jan-09 no sítio de Morusumilli. O número aumentou para 14 em janeiro de 2010. A poda foi efectuada em Fev-2010 até 10 ramos. Finalmente, foram identificados 29 ramos por planta em Out-11.

Inicialmente, havia 5 ramos em janeiro de 2009 na plantação de

Pulluru. Antes da poda, em fevereiro de 2010, o número era de 15 e foi podado para 9 ramos. Finalmente, foram identificados 25 ramos por planta em Out-11.

No sítio de Kuntamukkala registou-se um aumento de 18 ramos (4-22), no sítio de Morusumilli registou-se um aumento de 24 ramos (5-29) e no sítio de Pulluru registou-se um aumento de 20 ramos (5-25) no período de estudo (Jan-09 a Out-11), depois de uma poda efectuada uma vez.

Em janeiro de 2009, foram identificados quatro ramos na plantação de Nekkalam, que aumentaram para 14 antes da poda. Após a poda, havia 7 ramos em novembro de 2009 e registou-se um aumento de 6 (7-13) ramos no final de outubro de 2010. Em Out-11, finalmente, os ramos foram contados como 23. Assim, o número de ramos aumentou de 4 para 29 desde janeiro de 2009 a outubro de 2011 (Quadro 18 - 20 e 24).

O sítio de Kuntamukkala registou um aumento de 18 ramos (4-22), o sítio de Morusumilli registou um aumento de 24 ramos (5-29), o sítio de Pulluru registou um aumento de 20 ramos (5-25) e o sítio de Nekkalam registou um aumento do número de ramos de 4 para 29 entre janeiro de 2009 e outubro de 2011, depois de ter sido podado uma vez.

Observou-se que, após a poda, o número de ramos aumentou e a floração também foi induzida. Os resultados revelaram que a poda do tronco principal permite obter uma maior produtividade e rentabilidade, para obter uma ramificação abundante e um rendimento mais elevado. Devido ao aumento do número de ramos, a percentagem de floração, a frutificação e a produção de sementes também aumentaram.

4.4 Impacto da rega

A Jatropha é conhecida por ser uma planta resistente à seca e suculenta em termos de água, que pode viver durante um ano sem qualquer suplementação de água. No entanto, a água é o elemento essencial para a melhor sobrevivência, crescimento e rendimento de qualquer planta. Assim, o impacto da disponibilidade regular de água foi estudado no presente trabalho, empregando diferentes modos de rega em todos os 7 locais de campo. Foi efectuada uma comparação entre estas 7 plantações em termos de crescimento físico, bem como de fenologia da planta *de Jatropha.*

4.4.1. Modo de rega:

Diferentes modos de irrigação foram adoptados nos locais de estudo e com diferentes intervalos. As principais fontes foram os canais de irrigação e a irrigação por gotejamento. O abastecimento de água foi feito através de canais de irrigação em Morusumilli, Pulluru, enquanto Rajavaram e Nekkalam eram plantações alimentadas pela chuva e não havia outro modo específico de irrigação. A irrigação por gotejamento foi fornecida nos outros três locais, a saber, Kuntamukkala, Nandigama e o local de controlo em Chandarlapadu.

Nas plantações irrigadas por poços perfurados, a rega era feita cavando sulcos de uma planta para a outra, de modo a receber cada uma das plantas, desde a primeira.

Local experimental em Chandarlapadu aos 2 anos de idade

Plântulas de Jatropha com um ano de idade

4.4.2. Calendário de rega:

O intervalo de suplementação de água também variou de uma estação para outra, dependendo do modo de rega.

A água foi fornecida através de parcelas de irrigação por gotejamento em dias alternados no inverno e diariamente durante o verão. Para plantações irrigadas por poço, a irrigação foi feita com um intervalo de 15 dias no verão e um mês durante o resto do ano. Assim, nestas parcelas, houve uniformidade na disponibilidade de água para a planta, porque a rega foi efectuada a intervalos regulares. As duas estações de campo restantes, Nekkalam e Rajavaram, eram plantações alimentadas pela chuva e dependiam exclusivamente da chuva. Aqui, a rega não era regular e não havia uniformidade na disponibilidade de água, pois o número de dias de chuva e a quantidade de água recebida eram imprevisíveis. (Quadro 27).

Tabela 27: Modo e horário de rega em diferentes estações de campo

Name of the plot	**Rajavaram**	**Nekkalam**	**Morusumilli**	**Pulluru**	**Kuntamukkala**	**Nandigama**	**Chandarlapadu**
Mode of watering	Rain fed	Rain fed	Bore well	Bore well	Drip	Drip	Drip
Schedule of watering	Rain fall dependant		15 days in summer and one month in the remaining period		Daily in summer and alternate days in the remaining period		
Availability of water	Irregular & Not uniform		Regular & Uniform		Regular & Uniform		

4.4.3. Efeito da rega sobre o crescimento físico da *Jatropha*:

No final de outubro de 2011, a altura média da planta foi registrada como a mais alta nas plantações irrigadas por gotejamento (Chandarlapadu-14,5 pés e Nandigama-15 pés), enquanto que, foi moderadamente registrada nas plantações irrigadas por poço (11,9 pés a 12,5 pés). Comparativamente, a altura mais baixa foi registada nas plantações alimentadas pela chuva nas estações de Nekkalam e Rajavaram, com 10 pés e 9,5 pés, respetivamente. A altura média da planta na estação de Kuntamukkala foi registada apenas

11.1 pés, embora tenha sido irrigado por gotejamento, enquanto os outros dois locais com gotejamento mostraram uma altura média acima de 14,5 pés. As razões para esta situação foram a presença de superfície rochosa que impediu o crescimento da planta e a ausência de luz solar na área de plantação.

Da mesma forma, a circunferência média foi relatada como a mais alta nos sites irrigados por gotejamento, exceto Kuntamukkala. Foi moderadamente registrada nas plantações irrigadas por poço e menos registrada nas plantações de chuva. Nas plantações alimentadas pela chuva, a média da circunferência da planta foi de 8,3 a 8,5 polegadas apenas, enquanto que nos locais irrigados por poço, mostrou um aumento de até 9,6 polegadas. No entanto, o perímetro de *Jatropha* nas estações de irrigação por gotejamento atingiu acima de 10,5 polegadas, exceto Kuntamukkala por causa do solo rochoso e sombra.

A circunferência média da planta também apresentou o menor aumento nas plantações de sequeiro entre todas as estações de estudo, com 5,5 polegadas em Rajavaram e 5,6 polegadas em Nekkalam. Nas plantações irrigadas por poço, Pulluru e Morusumilli, registou-se um aumento moderado da circunferência da planta, com 6,5 polegadas cada. Exceto Kuntamukkala (5.9 polegadas), as outras duas plantações irrigadas por gotejamento mostraram um aumento de mais de 7 polegadas (7.3 polegadas em Chandarlapadu e 7.6 polegadas em Nandigama).

Tal como no caso da altura e da circunferência da planta, também se observaram resultados semelhantes no caso do número médio de ramos por planta. As plantações alimentadas pela chuva possuíam um número médio de ramos inferior a 20 (15 em Rajavaram e 19 em Nekkalam), enquanto as plantações irrigadas por poço tinham uma média de 20 (Pulluru) e 24 (Morusumilli). No entanto, as duas plantações irrigadas por gotejamento mostraram comparativamente mais ramos como 27 cada em Chandarlapadu e Nandigama. Mas, as outras plantações irrigadas por gotejamento viz., Kuntamukkala poderia ter uma média de 18 ramos apenas.

Além da diminuição da altura da planta e da circunferência média na estação de Kuntamukkala, o impacto da sombra e da superfície rochosa também resultou na diminuição da média de ramos, apesar de ter sido irrigada por gotejamento (Tabela 28).

Quadro 28: Efeito do modo de rega sobre o crescimento físico

Mode of watering	Rain fed		Bore well		Drip		
Name of the plantation	Rajavaram	Nekkalam	Morusumilli	Pulluru	Kuntamukkala	Nandigama	Chandrlapadu
Mean Plant	9.5	10	12.5	11.9	11.1	15	14.5
Mean plant girth	8.3	8.5	9.5	9.6	8.8	10.8	10.5
Mean No. of	20	23	29	25	22	30	30

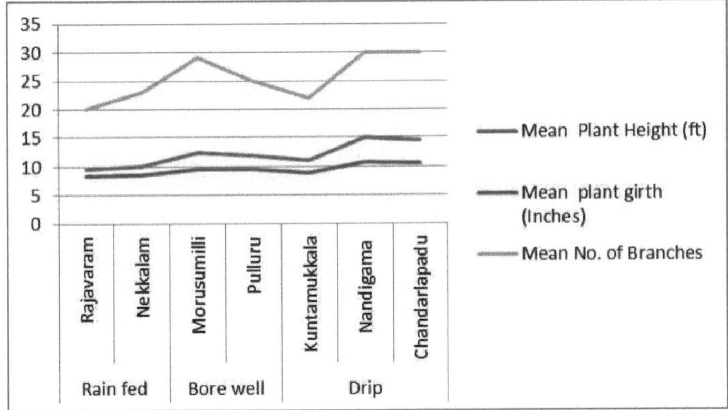

Fig. 22: Diagrama de linhas mostrando o efeito do modo de rega sobre o crescimento físico

Estes resultados confirmaram que o crescimento físico da planta foi influenciado pela disponibilidade regular e uniforme de água. A suplementação de água nas estações irrigadas por gotejamento ajudou a planta a ter uma melhor divisão celular, o que resultou no aumento da altura, diâmetro do colo e maior número de ramos. Pareceu haver um uso pleno de nutrientes na plantação irrigada por gotejamento, onde os fertilizantes foram adicionados. Com base nos resultados, é evidente que a disponibilidade regular e uniforme de água é essencial para a *Jatropha*, embora seja uma planta suculenta e resistente à seca para um maior crescimento.

4.4.4. Efeito do modo de rega sobre o crescimento fenológico:

(i) . Floração:

A floração precoce foi registada em Kuntamukkala (3%), Nandigama (2,1%) e Chandarlapadu (2,5%) em outubro de 2009. Nas restantes estações de campo, a floração foi registada em janeiro de 2010. No final de outubro de 2010, a percentagem de floração registada foi a seguinte

Chandarlapadu (37,5%) > Nandigama (34,5%) > Kuntamukkala (31%) > Nekkalam (20,2%) > Rajavaram (18%) > Morusumilli (16%) > Pulluru (15,7%)

Os três locais irrigados por gotejamento têm mostrado >30% de floração, enquanto os restantes locais têm registado <20% de floração. Isso mostra que a suplementação regular de água induz a floração em *Jatropha* numa fase inicial e também irá aumentar a percentagem de floração.

A percentagem final de floração registada em outubro de 2011 foi a seguinte

Chandarlapadu (72%)> Nandigama (69%)> Kuntamukkala (60%) > Nekkalam (43,6%) > Rajavaram (40%) > Morusumilli (30,5%) > Pulluru (30%)

As maiores percentagens de floração, 72%, 69% e 60% foram relatadas nos três locais irrigados por gotejamento viz., Chandarlapadu, Nandigama e Kuntamukkala no final de outubro de 2011, seguido por locais irrigados por chuva viz., Nekkalam (43,6%), e Rajavaram (40%). Apenas 30,5% foram registados em Morusumilli e 30% nas estações de Pulluru, que eram os locais irrigados por poços. O efeito da podridão radicular, a disponibilidade irregular de água e nutrientes no solo foram as razões para a baixa floração nas plantações de Morusumilli e Pulluru.

(ii) . Frutificação e produção de sementes:

Os resultados foram observados de forma semelhante no caso de frutificação e produção de sementes também. A porcentagem de frutificação foi máxima nas estações irrigadas por gotejamento, como Chandarlapadu e Nandigama, com 61,1% e 50,2%, seguidas por plantações alimentadas pela chuva, como Nekkalam (33,7%) e Rajavaram (30%). Apenas Morusumilli (15,5%) e Pulluru (15%) foram as estações irrigadas por furo.

A porcentagem de produção de sementes foi máxima nas estações irrigadas por gotejamento, como Chandarlapadu e Nandigama, com 51,2% e 40%, seguidas por plantações alimentadas pela chuva, como Nekkalam (26%) e Rajavaram (23,6%). Apenas Morusumilli (10,2%) e Pulluru (10%) foram as estações irrigadas por furo.

Kuntamukkala registou apenas 30% da produção de sementes, embora a floração tenha sido de 60%, uma vez que a plantação foi ameaçada por macacos durante a fase de frutificação.

A floração, a frutificação e a produção de sementes secas foram registradas como máximas na estação de controle em Chandarlapadu devido à suplementação regular e uniforme de água através de gotejamento e também com a adição de nutrientes. Além disso, a plantação foi podada duas vezes para aumentar a ramificação, o que resultou na maior porcentagem de floração e produção final de sementes (Tabela 29).

Quadro 29: Efeito do modo de rega na floração, frutificação e produção de sementes

Mode of watering	Rain fed		Bore well		Drip		
Name of the plot	**Rajavaram**	**Nekkalam**	**Morusumilli**	**Pulluru**	**Kuntamukkala**	**Nandigama**	**Chandarlapadu**
Flowering (%)	40	43.6	30.5	30	60	69	72
Fruiting (%)	30	33.7	15.5	15	39	50.2	61.1
Yield (%)	23.6	26	10.2	10	30	40	51.2

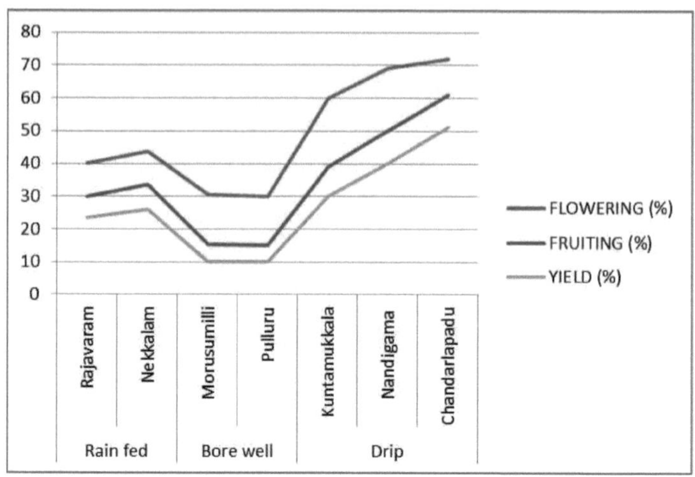

Fig. 23: Diagrama de linhas mostrando o efeito do modo de rega sobre a floração, a frutificação e a produção de sementes

4.4.5. Efeito da irrigação por gotejamento:

Com base nas observações feitas neste estudo, a irrigação por gotejamento foi provada ser mais favorável ao crescimento, em comparação com a irrigação e poço, uma vez que o mínimo de água pode ser disponibilizado regularmente nos locais irrigados por gotejamento. Outra vantagem da irrigação por gotejamento é que não haverá desperdício de água. Assim, o conteúdo de umidade do solo pode ser gerido de forma uniforme, o que ajudou o crescimento da planta. O crescimento foi minimizado nas plantações alimentadas pela chuva, uma vez que não houve suplementação regular e uniforme de água durante todo o período de estudo. No lote de Kuntamukkala, o crescimento foi menos relatado comparativamente, embora seja um lote irrigado por gotejamento por causa da superfície rochosa e da sombra.

Além do número de ramos, a altura e a circunferência da planta (a 1 pé do chão) também foram relatadas como máximas nas parcelas irrigadas por gotejamento, seguidas pelas parcelas irrigadas por poço. A disponibilidade uniforme e regular da água pode ser a razão para este crescimento nestas plantações. A menor porcentagem de crescimento foi observada nas plantações alimentadas pela chuva, onde não havia disponibilidade uniforme de água.

A disponibilidade de humidade na atmosfera e a disponibilidade de água através da precipitação durante a época de floração podem ser as razões para a melhor floração e frutificação em Nekkalam e Rajavaram, apesar de serem plantações alimentadas pela chuva. O efeito da podridão radicular e a disponibilidade irregular de água e nutrientes no solo foram as razões para a baixa floração nas plantações de Morusumilli e Pulluru.

Os resultados mostraram que a planta pode sobreviver sem suplementação regular de água, mas o crescimento físico, bem como a produção de sementes, foram influenciados pela disponibilidade de água. Ficou provado que a disponibilidade regular e contínua de água resultou na produção máxima de sementes. Para o cultivo de *Jatropha* em grande escala para fins de produção de óleo, é necessária uma adaptação da suplementação regular de água.

4.4.6. Impacto na frutificação

Os frutos foram deixados a secar na própria planta e os frutos secos foram recolhidos para separar as sementes. O comprimento médio das sementes foi registado entre 1,5 cm e 1,8 cm. O número de sementes por fruto também foi de 2-3. Foi calculada a relação entre a casca do fruto e a semente, com base no peso seco de uma amostra de mil frutos secos de cada estação de campo. Os resultados foram tabulados da seguinte forma.

Relação entre a casca do fruto e a semente, na estação de Chandarlapadu:

Para a amostra de 1000 frutos foram observadas 2550 sementes, pesando cerca de 1145 g, contribuindo com uma percentagem de 70,67 para o peso seco total do fruto (Tabela 30).

Tabela 30: Rácio entre a casca do fruto e a semente, na estação de Chandarlapadu:

Dried Material	Quantity	Weight (g)	%
Fruits	1000	1620	100
Shell	1000	475	29.32
Seeds	2550	1145	70.67

Relação entre a casca do fruto e a semente, na estação de Nandigama:

Aqui foram contadas 2430 sementes para 1000 frutos pesando cerca de 1082 g, ou seja, 70,25 % do peso seco total do fruto (Tabela-31).

Tabela 31: Rácio entre a casca do fruto e a semente, na estação de Nandigama:

Dried material	Quantity	Weight (g)	%
Fruits	1000	1540	100
Shell	1000	458	29.75
Seeds	2430	1082	70.25

Rácio entre a casca do fruto e a semente, na estação de Kuntamukkala:

Nesta estação, para uma amostra de 1000 frutos com peso de 1445g, foram observadas 2022 sementes com peso de 1012g, o que equivale a 70,03% do peso total (Tabela-32).

Tabela 32: Rácio entre a casca do fruto e a semente, na estação de Kuntamukkala:

Dried material	Quantity	Weight (g)	%
Fruits	1000	1445	100
Shell	1000	433	29.96
Seeds	2022	1012	70.03

Relação entre a casca do fruto e a semente, na estação de Rajavaram:

Aqui o peso do fruto seco da amostra foi de 1450g, dos quais 68,96% foram contribuídos por 2400 sementes pesando cerca de 1000g (Tabela-33).

Tabela 33: Rácio entre a casca do fruto e a semente, na estação de Rajavaram:

Dried Material	Quantity	Weight (g)	%
Fruits	1000	1450	100
Shell	1000	450	31.03
Seeds	2400	1000	68.96

Rácio entre a casca do fruto e a semente, na estação de Nekkalam:

Nesta estação foram observadas 2100 sementes para 1000 frutos. O peso seco total dos frutos foi de 1390g, no qual a contribuição das sementes foi de 958g (68,92%) (Tabela-34).

Tabela 34: Rácio entre a casca do fruto e a semente, na estação de Nekkalam:

Dried material	Quantity	Weight (g)	%
Fruits	1000	1390	100
Shell	1000	432	31.07
Seeds	2100	958	68.92

Relação entre a casca do fruto e a semente, na estação de Morusumilli:

Foram encontradas 1960 sementes neste local para 1000 frutos. O peso seco das sementes foi de 925g com uma percentagem de 68,52 (Quadro 35).

Tabela 35: Relação entre a casca do fruto e a semente, na estação de Morusumilli:

Dried material	Quantity	Weight (g)	%
Fruits	1000	1350	100
Shell	1000	425	31.48
Seeds	1960	925	68.52

Relação entre a casca do fruto e a semente, na estação de Pulluru:

Do peso seco total do fruto de 1365g, 68,49% foi contribuído pelas sementes de 1972. O peso seco foi notado como 935g (Tabela-36).

Tabela 36: Rácio entre a casca do fruto e a semente, na estação de Pulluru:

Dried Material	Quantity	Weight (g)	%
Fruits	1000	1365	100
Shell	1000	430	31.5
Seeds	1972	935	68.5

4.4.6.1. Comparação de frutos em várias estações de campo: Dos três locais irrigados por gotejamento, o maior número de sementes por 1000 frutos foi registrado em dois locais irrigados por gotejamento, Chandarlapadu e Nandigama com 2550 e 2430, seguidos por duas plantações alimentadas pela chuva, Rajavaram e Nekkalam com 2400 e 2100. O outro local irrigado por gotejamento, Kuntamukkala, mostrou uma ligeira diminuição em 2022 devido à superfície rochosa. Menor número de sementes foi observado nas parcelas irrigadas por poço, Morusumilli, Pulluru e Mylavaram, 1960, 1972 e 1760. Tendência semelhante foi observada no caso do peso seco do fruto e da semente. A suplementação de nutrientes também foi adicionada à melhor qualidade dos frutos em termos de maior número de sementes / 1000 frutos, peso seco de frutos e sementes no local de Chandarlapadu. (Quadro 37).

Tabela 37: Qualidade do fruto (relação semente/casca - base peso seco) /1000 frutos

Name of the plantation	CHANDARLAPADU	NANDIGAMA	KUNTAMUKKALA	RAJAVARAM	NEKKALAM	MORUSUMILLI	PULLURU
Number of seeds	2550	2430	2022	2400	2100	1960	1972
Fruit dry weight (g)	1620	1540	1445	1450	1390	1350	1365
Seed dry weight (g)	1145	1082	1012	1000	958	925	935
% of shell weight	29.32	29.75	29.96	31.03	31.07	31.48	31.5
% of seed weight	70.67	70.25	70.03	68.96	68.92	68.52	68.5

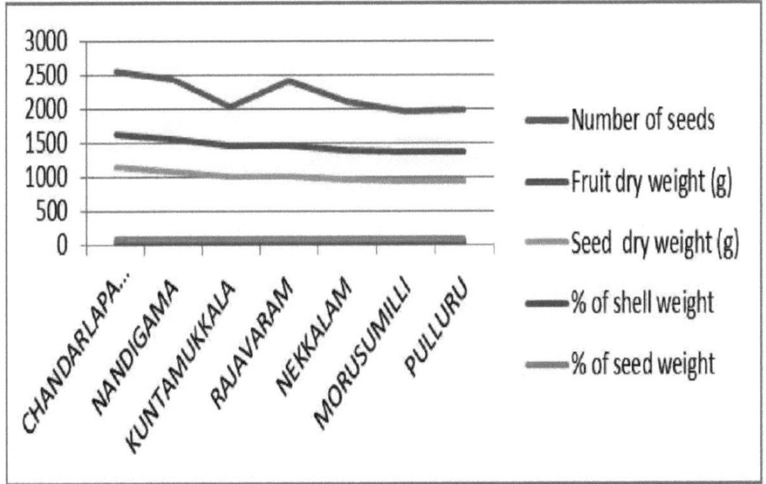

Fig. 24: Diagrama de linhas mostrando o número e o peso das sementes por 1000 frutos

4.5 Impacto dos nutrientes

A Jatropha ganhou impulso como cultura de biodiesel devido à facilidade de estabelecimento, ao crescimento rápido e à eficiência de crescimento em solos deficientes em nutrientes ou degradados. Devido ao aumento do custo e à elevada procura de fertilizantes químicos, as plantações de *Jatropha* foram propostas pelo governo em terrenos baldios sem suplementação de nutrientes. O presente estudo foi realizado para avaliar o impacto dos nutrientes (fertilizantes) sobre os parâmetros de crescimento da *Jatropha*. O VAM foi fornecido a todas as plantas nestas estações de estudo no momento da plantação. Além disso, foi adicionado gesso às plantações de Nandigama e Chandarlapadu. Não foram adicionados outros fertilizantes inorgânicos e orgânicos a estes locais, exceto no local de controlo em Chandarlapadu, onde foram adicionados fertilizantes químicos à cultura para efeitos de comparação.

4.5.1. Bio-inoculante: Todas as mudas de *Jatropha* com um ano de idade receberam VAM no momento da plantação no campo real @ um comprimido por planta. Antes do transplante da muda para o campo, um comprimido por planta foi mantido na base da planta no saco de polietileno para o tornar disponível para o sistema radicular da planta. Isto aumentou o crescimento das micorrizas. Sabe-se que a micorriza aumenta a solubilidade dos fosfatos nos solos, fornecendo assim fósforo indisponível às plantas. Foi evidente ao registar um teor de fósforo mais elevado no solo, acima de 70 kg/acre, após a aplicação do VAM.

4.5.2. Fertilizantes: Gesso foi adicionado @ 60 kg/ha aos solos de cascalho preto das estações de Nandigama e Chandarlapadu (controle) para minimizar o efeito de alcalinidade (neutralizar), uma vez que os solos eram alcalinos na natureza. Nenhum outro produto químico foi adicionado a qualquer uma das estações de campo, exceto o local de controle em Chandarlapadu. Para fazer uma comparação e analisar o impacto dos nutrientes, o local de controle foi suplementado com NPK e Super Fosfato @ 60kg/ha e 150kg/ha, respetivamente, em seis meses intervalo.

4.5.3. Efeito dos nutrientes sobre o crescimento da *Jatropha*:

A aplicação de nutrientes aumentou significativamente a altura da planta, a altura média da planta, bem como o número médio de ramos por planta nos solos suplementados com nutrientes, ou seja, no local de controlo em Chandarlapadu e Nandigama. O azoto é um dos principais elementos nutricionais necessários para a diferenciação dos tecidos e o crescimento cambial. Tal como o azoto, o fósforo é um constituinte essencial do material genético e aumenta a divisão celular. O aumento da altura e da circunferência do colo, observado no presente estudo, está relacionado com o aumento da taxa de formação de novas células devido à disponibilidade de NPK.

No final do estudo, ou seja, Out-11, a altura média da planta foi registada como a mais alta nas estações suplementadas com nutrientes, viz., Chandarlapadu e Nandigama como 14,5 pés e 15 pés, respetivamente, enquanto que foi registada entre 9,5 pés-12,5 pés nas outras estações de campo onde não foram aplicados nutrientes. Aqui, a altura foi registada como 9,5 pés em Rajavaram, 10 pés em Nekkalam, 11,1 pés em Kuntamukkala, 11,9 pés em Pulluru e 12,5 pés nas estações de Morusumilli.

Entre todas as estações de campo, as plantações suplementadas com nutrientes mostraram a maior circunferência média da planta, com 10,5 polegadas em Chandarlapadu e 10,8 polegadas em Nandigama, enquanto a circunferência da planta nas plantações não suplementadas registou apenas 9,6 polegadas. O valor mais baixo registado foi de 8,3 polegadas em Rajavaram.

Nas plantações com suplemento de nutrientes, a razão para este aumento da altura e do diâmetro do colo foi atribuída ao fornecimento ótimo de nutrientes ao solo, que ajudou a planta a absorver melhor e, em última análise, aumentou a divisão celular, aumentando assim o crescimento da planta. Nas plantações sem suplemento de nutrientes, a diminuição da altura e do perímetro das plantas deveu-se à falta de quantidade suficiente de nutrientes na região de crescimento.

Do mesmo modo, nas estações de Chandarlapadu e Nandigama observou-se um maior número de ramos, 30 cada, enquanto que nas estações não suplementadas se registou entre 20-29. A aplicação de nutrientes não só mostrou um efeito positivo no diâmetro do colo e no prolongamento da atividade cambial, como também favoreceu a produção de um maior número de ramos por planta.

4.5.4. Efeito dos nutrientes sobre a fenologia da *Jatropha*:

Nas estações suplementadas com nutrientes, observou-se uma floração precoce, onde o nível de azoto acelerou o processo de floração (cerca de 2% de floração em Out-09 nas estações aplicadas com nutrientes). A floração foi atrasada noutras estações e não se observou qualquer floração nas estações até Out-09 onde não houve adição de nutrientes, exceto na estação de Kuntamukkala (3% de floração até Out-09). Houve uma diferença altamente significativa nas percentagens de floração final entre as estações suplementadas com nutrientes e as estações não suplementadas.

A percentagem mais elevada de floração foi registada como 72% em Out-11 no local de controlo, seguida de 69% de floração na plantação de Nandigama. A disponibilidade de azoto e enxofre durante a época de floração contribuiu para estas percentagens elevadas. No entanto, as plantações não suplementadas com nutrientes registam percentagens de floração até um máximo de 60% (Kuntamukkala-60%, Nekkalam-43,6%, Rajavaram-40%, Morusumilli-30,5% e Pulluru-30%).

Observou-se um aumento da floração de cerca de 150-200% nas plantações suplementadas, em comparação com as plantações não suplementadas.

No caso da frutificação e da produção de sementes, também foram encontrados resultados semelhantes. As percentagens de frutificação e de produção de sementes foram máximas entre os locais de estudo em Chandarlapadu, seguidas da estação de Nandigama. A ordem das percentagens nos locais não suplementados foi a mesma que no caso da floração, registando-se as percentagens mais baixas na estação de Pulluru (Quadro 38).

A ordem foi a seguinte:

Kuntamukkala (33,7% fr e 30% s.o) > **Nekkalam** (33,7% fr e 26% s.o) > **Rajavaram** (30% fr e 23,6% s.o) > **Morusumilli** (30,5% fr e 10,2% s.o) > **Pulluru** (15% fr e 10% s.o)

*fr= frutificação s.o= produção de sementes

A adição de nutrientes resultou numa variação significativa do crescimento físico, bem como dos parâmetros fonológicos. Poderia ajudar a planta a superar o efeito do espaçamento na estação de controlo, uma vez que a plantação estava mais adensada devido aos espaçamentos mais baixos (1x1m e 1,5x1,5m).

Quadro 38: Comparação do efeito dos nutrientes no crescimento e na produção de sementes

Nutrients	Not supplemented					Supplemented	
Nutrients applied	-	-	-	-	-	Gypsum	Gypsum, NPK and Super phosphate
Name of the plantation	Rajavaram	Nekkalam	Morusumilli	Pulluru	Kuntamukala	Nandigama	Chandarlapadu
Mean Plant Height (ft)	9.5	10	12.5	11.9	11.1	15	14.5
Mean plant girth (Inches)	8.3	8.5	9.5	9.6	8.8	10.8	10.5
No. of Branches	20	23	29	25	22	30	30
Flowering (%)	40	43.6	30.5	30	60	69	72
Fruiting (%)	30	33.7	15.5	15	39	50.2	61.1
Seed Yield (%)	23.6	26	10.2	10	30	40	51.2

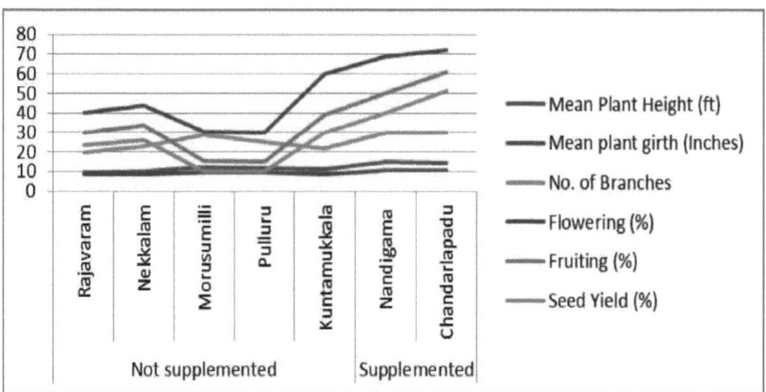

Fig. 25: Diagrama de linhas mostrando a conta comparativa do efeito dos nutrientes no crescimento e na produção de sementes

Os resultados indicaram que o pinhão manso sem fertilização apresentou os valores médios mais baixos de circunferência da planta, altura e número de ramos por planta. Além disso, a produção de sementes foi quase duplicada nos solos suplementados com nutrientes quando comparada com as plantações sem fertilização. Isto mostra claramente que os nutrientes são necessários para aumentar a percentagem de floração e assim aumentar a produção de sementes secas de *Jatropha*. A fertilização provou ser benéfica para aumentar o rendimento das plantações *de Jatropha*.

4.6.1. Comparação dos resultados relativos aos parâmetros estudados:

O crescimento físico da planta, em termos de altura, perímetro e número de ramos, foi apoiado pelos solos de gravilha preta, seguidos pelos solos de algodão preto, enquanto os solos vermelhos se revelaram menos favoráveis do que os solos de gravilha preta e de algodão preto. Entre as três plantações de solos de algodão preto, a plantação de Nekkalam apresentou os resultados mais baixos em termos de crescimento físico. Verificou-se que os solos rochosos não favorecem o crescimento, uma vez que, nos solos vermelhos, a parte rochosa da plantação de Kuntamukkala apresentou resultados inferiores aos da parte não rochosa da plantação. Não só o crescimento físico, mas também a floração, a frutificação e a produção de sementes foram registados ao máximo entre as estações de campo nos solos de cascalho preto.

Não só o crescimento físico, mas também a floração, a frutificação e a produção de sementes foram registados ao máximo entre as estações de campo nos solos de cascalho preto. A floração foi registada como 72% na plantação de Chandarlapadu e 69% na plantação de Nandigama. A frutificação e a produção de sementes foram registadas como 61,1% e 51,2% na plantação de Chandarlapadu e 50,2% e 40% na plantação de Nandigama.

Ao contrário do crescimento físico, a floração, a frutificação e a produção de sementes diminuíram nos solos negros de algodão quando comparados com os solos vermelhos, exceto na plantação de Nekkalam. Entre os solos pretos, Nekkalam apresentou percentagens ligeiramente mais elevadas, com 43,6% de floração, 33,7% de frutificação e 26% de produção de sementes, enquanto as duas plantações restantes, Pulluru e Morusumilli, apresentaram percentagens mais baixas, com 30% e 30,5% de floração, 15% e 15,5% de frutificação e 10% e 10,2% de produção de sementes, respetivamente. As duas plantações com solos vermelhos, Rajavaram e Kuntamukkala, apresentaram 40% e 60% de floração, 30% e 39% de frutificação e 23,6% e 30% de produção de sementes, respetivamente.

O solo em todas as oito estações de campo estava próximo do valor neutro e ligeiramente alcalino por natureza. É evidente que mesmo uma diferença estreita de 0,64 (7,5 a 8,14) mostrou um aumento do crescimento com o aumento do pH, mas não pôde mostrar qualquer tendência distinta de aumento ou diminuição do rendimento com a mudança de pH. No caso da floração, frutificação e produção de sementes, não foi possível observar uma tendência distinta, uma vez que não houve uma sequência específica no aumento ou diminuição da fenologia com o aumento do pH. No entanto, os resultados gerais foram observados como máximos entre todas as estações de campo a pH-8,14.

No primeiro ano de plantio, houve uma diferença na altura da planta entre as estações de plantio em diferentes espaçamentos. Foi observada uma diferença de 1 pé de altura antes da poda nos espaçamentos de 1x1m e 1,5x1,5m, seguida de uma distância de 3m da cultura limite (Kuntamukkala). Nos estágios posteriores, houve uma diferença notável na altura no caso das plantações em bloco e nas plantações limítrofes. As plantações em bloco apresentaram uma altura superior a 14,5 pés, exceto a plantação de Rajavaram (9,5 pés), enquanto a altura máxima registada nas culturas de fronteira foi de 12,5 pés.

No caso da circunferência e do número de ramos por árvore, também se obtiveram resultados semelhantes. Os espaçamentos de 3x3m, 2x2m, 1x1m e 1,5x1,5m (plantações em bloco), exceto Rajavaram, registaram uma circunferência média superior a 10,5 polegadas (Rajavaram apenas 8,3 polegadas). As plantações limítrofes apresentaram um perímetro médio em altura de 9,6 polegadas (variação de 8,5-9,6 polegadas). No que respeita ao número de ramos, os espaçamentos das plantações em bloco apresentavam uma média de 30 ramos, exceto em Rajavaram (20), enquanto os espaçamentos limítrofes variavam entre 22 e 29.

Nas quatro plantações limítrofes, exceto na estação de Kuntamukkala, a floração foi registada abaixo dos 45% (menos -30% em Pulluru e mais 43,6% em Nekkalam). Nos espaçamentos entre blocos, a floração foi registada entre 40% e 72%, sendo a menor em Rajavaram (40%) e a maior (72%) no local de controlo (1x1m e 1,5x1,5m). Foi observada uma tendência semelhante no caso das percentagens de frutificação e de produção de sementes. As plantações em bloco mostraram percentagens consideravelmente boas, mesmo no espaçamento mínimo (1x1m), quando comparadas com os espaçamentos limítrofes. As percentagens mais elevadas foram alcançadas no local de controlo, apesar de este estar mais adensado. Isto foi devido à suplementação de nutrientes do exterior e também à rega regular por gotejamento. Estes ajudaram a absorver os nutrientes necessários do solo e assim superar o efeito do espaçamento. Rajavaram, embora fosse uma plantação em bloco com espaçamento de 3x3m não pôde mostrar um aumento notável no crescimento e na fenologia. A razão foi a irregularidade na disponibilidade de nutrientes e água, uma vez que se tratava de uma plantação alimentada pela chuva.

Os resultados acima revelaram que o espaçamento por si só não terá muita influência sobre o crescimento e a produtividade da planta. O espaçamento de 2x2m parece ser ideal em plantações em bloco sem suplementar os nutrientes e com a adição de nutrientes o rendimento foi elevado mesmo no espaçamento mínimo. Em plantações limítrofes, a distância de 3m com rega regular é ideal para aumentar o rendimento.

Observou-se que, após a poda, o número de ramos aumentou e a floração também foi induzida. Os resultados revelaram que a poda do tronco principal permite obter uma maior produtividade e rentabilidade, para obter uma ramificação abundante e um rendimento mais elevado. Devido ao aumento do número de ramos, a percentagem de floração, frutificação e produção de sementes também aumentou.

A Jatropha é conhecida por ser resistente à seca e suculenta em termos de água, podendo viver durante um ano sem qualquer suplementação de água. No entanto, a água é o elemento essencial para a melhor sobrevivência, crescimento e rendimento de qualquer planta. Assim, o impacto da disponibilidade regular de água foi estudado no presente trabalho, empregando diferentes modos de rega em todos os 7 locais de campo. No final do período de estudo, a altura média das plantas foi registrada como a mais alta nas plantações irrigadas por gotejamento (Chandarlapadu-14,5 pés e Nandigama-15 pés), enquanto que, foi moderadamente registrada no poço plantações irrigadas (11,9 pés a 12,5 pés). Comparativamente, a altura mais baixa foi registada nas plantações alimentadas pela chuva (estações de Nekkalam e Rajavaram com 10 pés e 9,5 pés, respetivamente). Da mesma forma, a circunferência média e o número médio de ramos presentes em cada planta também foram relatados como mais altos nos locais irrigados por gotejamento, exceto Kuntamukkala.

Foi moderadamente registado nas plantações irrigadas por poço e menos registado nas plantações alimentadas pela chuva. Além da diminuição da altura da planta e da circunferência média na estação de Kuntamukkala, o impacto da sombra e da superfície rochosa também resultou na diminuição da média de ramos, apesar de ter sido irrigada por gotejamento.

As maiores percentagens de floração, 72%, 69% e 60% foram relatadas nos três locais irrigados por gotejamento viz., Chandarlapadu, Nandigama e Kuntamukkala no final de outubro de 2011, seguido por locais irrigados por chuva viz., Nekkalam (43,6%), e Rajavaram (40%). Apenas 30,5% foram registados em Morusumilli e 30% nas estações de Pulluru, que eram os locais irrigados por poço. O efeito da podridão radicular, a disponibilidade irregular de água e nutrientes no solo foram as razões para a baixa floração nas plantações de Morusumilli e Pulluru.

A floração, a frutificação e a produção de sementes secas foram registadas como máximas na estação de controlo em Chandarlapadu devido à suplementação regular e uniforme de água através de gotejamento e também com a adição de nutrientes. Além disso, a plantação foi podada duas vezes para aumentar a ramificação, o que resultou na maior percentagem de floração e produção final de sementes.

Com base nas observações feitas neste estudo, a irrigação por gotejamento foi provada ser mais favorável ao crescimento, em comparação com a irrigação e poço, uma vez que o mínimo de água pode ser disponibilizado regularmente nos locais irrigados por gotejamento. Outra vantagem da irrigação por gotejamento é que não haverá desperdício de água. Assim, o teor de umidade do solo pode ser gerido de forma uniforme, o que ajudou o crescimento da planta. O crescimento foi minimizado nas plantações alimentadas pela chuva, uma vez que não houve suplementação regular e uniforme de água durante todo o período de estudo.

Os resultados mostraram que a planta pode sobreviver sem suplementação regular de água, mas o crescimento físico, bem como a produção de sementes, foram influenciados pela disponibilidade de água. Ficou provado que a disponibilidade regular e contínua de água resultou na produção máxima de sementes. Para o cultivo de *Jatropha* em grande escala para fins de produção de óleo, é necessária uma adaptação da suplementação regular de água.

Além da água, os nutrientes também são necessários para o melhor desempenho da planta e, neste caso, a aplicação de nutrientes aumentou significativamente a altura da planta, a altura média da planta, bem como o número médio de ramos por planta nos solos suplementados com nutrientes, isto é, no local de controlo em Chandarlapadu e Nandigama. O aumento da altura e da circunferência do colo, observado no presente estudo, está relacionado com o aumento da taxa de formação de novas células devido à disponibilidade de NPK.

Nas plantações com suplemento de nutrientes, a razão para este aumento da altura e do diâmetro do colo foi atribuída ao fornecimento ótimo de nutrientes ao solo, que ajudou a planta a absorver melhor e, em última análise, aumentou a divisão celular, aumentando assim o crescimento da planta. Nas plantações sem suplemento de nutrientes, a diminuição da altura e do perímetro das plantas deveu-se à falta de quantidade suficiente de nutrientes na região de crescimento.

Nas estações suplementadas com nutrientes, observou-se uma floração precoce, onde o nível de azoto acelerou o processo de floração (cerca de 2% de floração em Out-09 nas estações aplicadas com nutrientes). A floração foi atrasada noutras estações e não se observou qualquer floração até Out-09 nas estações onde não houve adição de nutrientes.

A disponibilidade de azoto e enxofre durante a época de floração contribuiu para esta elevada percentagem. Foi observada uma floração cerca de 150-200% superior nas plantações suplementadas, em comparação com as plantações não suplementadas. No caso da frutificação e da produção de sementes, também foram encontrados resultados semelhantes. As percentagens de frutificação e de produção de sementes foram máximas nos locais de estudo em Chandarlapadu, seguidas da estação de Nandigama, onde foram adicionados nutrientes. A adição de nutrientes resultou numa variação significativa do crescimento físico, bem como dos parâmetros fonológicos. Poderia ajudar a planta a superar o efeito do espaçamento na estação de controlo, uma vez que a plantação estava mais adensada devido aos espaçamentos mais baixos (1x1m e 1,5x1,5m).

Os resultados indicaram que o pinhão manso sem fertilização apresentou os valores médios mais baixos de circunferência da planta, altura e número de ramos por planta. Além disso, a produção de sementes foi quase duplicada nos solos suplementados com nutrientes quando comparada com as plantações sem fertilização. Isto mostra claramente que os nutrientes são necessários para aumentar a percentagem de floração e assim aumentar a produção de sementes secas de *Jatropha*. A fertilização provou ser benéfica para aumentar o rendimento das plantações *de Jatropha*. Foi observada uma tendência semelhante no caso do peso seco do fruto e das sementes/kg. A suplementação de nutrientes também contribuiu para a melhor qualidade dos frutos em termos de maior número de sementes/1000 frutos, peso seco dos frutos e sementes no local de Chandarlapadu (controlo).

4.6.2. Análise estatística

O crescimento de ***J. curcas*** em várias plantações foi comparado por ANOVA. Foi efectuada uma comparação para a floração, frutificação e produção de sementes, aplicando o teste ANOVA a sete estações de campo, nomeadamente Kuntamukkala, Morusumilli, Pulluru, Rajavaram, Nekkalam, Nandigama e Chandarlapadu. A estação de Mylavaram foi incluída porque foi arrancada durante o período de estudo devido ao ataque de pragas.

Tabela 39: ANOVA - Fator único - Floração

ANOVA: Single Factor-Flowering						
SUMMARY						
Groups	*Count*	*Sum*	*Average*	*Variance*		
KUNTAMUKKALA	12	283	23.583	530.674		
MORUSUMILLI	12	136	11.333	134.317		
PULLURU	12	134.8	11.233	133.693		
RAJAVARAM	12	167.6	13.967	204.415		
NEKKALAM	12	187.7	15.642	264.023		
NANDIGAMA	12	311	25.967	689.132		
CHANDARLAPADU	12	327	27.250	750.477		
ANOVA						
Source of Variation	*SS*	*Df*	*MS*	*F*	*P-value*	*F crit*
Between Groups	3492.015	6	582.003	1.505	0.188	2.219
Within Groups	29774.043	77	386.676			
Total	33266.058	83				

A análise de variância mostrou um valor F tabular mais elevado (2,219) do que o valor calculado (1,505) ao nível de significância de 0,05. Não foi encontrada diferença significativa na percentagem de floração entre as estações de campo. Assim, fica provado que a floração não foi muito influenciada pelos outros parâmetros em várias estações.

Tabela 40: ANOVA - Fator único - Frutificação

ANOVA: Single Factor-Fruiting						
SUMMARY						
Groups	*Count*	*Sum*	*Average*	*Variance*		
KUNTAMUKKALA	12	167.3	13.942	196.021		
MORUSUMILLI	12	49	4.083	30.698		
PULLURU	12	47.3	3.942	29.017		
RAJAVARAM	12	89.8	7.483	108.787		
NEKKALAM	12	103.2	8.600	140.962		
NANDIGAMA	12	198.3	16.525	318.749		
CHANDARLAPADU	12	282.1	23.508	547.772		
ANOVA						
Source of Variation	*SS*	*Df*	*MS*	*F*	*P-value*	*F crit*
Between Groups	3735.085	6	622.514	3.176	0.008	2.219
Within Groups	15092.063	77	196.001			
Total	18827.148	83				

O valor calculado (3,176) é mais elevado do que o valor F tabular (2,219) nos resultados do teste ANOVA e a diferença foi significativa. Isto significa que as percentagens de frutificação foram influenciadas por outros parâmetros em várias estações de campo.

Tabela 41: ANOVA: Fator único - produção de sementes

ANOVA: Single Factor-Seed output						
SUMMARY						
Groups	*Count*	*Sum*	*Average*	*Variance*		
KUNTAMUKKALA	12	102.1	8.508	100.386		
MORUSUMILLI	12	30	2.517	13.720		
PULLURU	12	29	2.450	13.279		
RAJAVARAM	12	62.2	5.183	61.722		
NEKKALAM	12	73	6.083	77.567		
NANDIGAMA	12	156	13.008	204.012		
CHANDARLAPADU	12	226	18.833	379.108		
ANOVA						
Source of Variation	*SS*	*Df*	*MS*	*F*	*P-value*	*F crit*
Between Groups	2581.572	6	430.262	3.544	0.004	2.219
Within Groups	9347.725	77	121.399			
Total	11929.297	83				

Foram encontradas diferenças significativas entre as estações de campo nas percentagens de produção de sementes secas, uma vez que os resultados do teste ANOVA mostraram um valor computado mais elevado (3,544) do que o valor F tabular (2,219). Isto significa que as percentagens de frutificação foram influenciadas por outros parâmetros em várias estações de campo.

CAPÍTULO 5

DISCUSSÃO

A Jatropha curcas é cultivada para a produção de biocombustível e também utilizada para recuperar terrenos baldios, estando a decorrer em todo o mundo um trabalho de investigação em grande escala para descobrir a sustentabilidade da *Jatropha* como alternativa de energia renovável. Na Índia, os governos estatais efectuaram muitas plantações para recuperar terrenos baldios, onde anteriormente se cultivava Subabul, Eucalyptus, Pongamia, etc., para recuperar esses solos. Os agricultores começaram a cultivar *a Jatropha* em grande escala devido aos seus vários benefícios, como a resistência à seca, a não-palatabilidade, a fácil propagação, a adequação a várias condições climáticas e de solo, a taxa de crescimento mais rápida e o carácter perene. Mas a produção de sementes não atingiu o nível esperado, embora o crescimento físico da planta tenha sido bom em diferentes condições climáticas. Assim, alguns dos cultivadores arrancaram as suas plantações mais tarde devido a uma ou outra razão, como a inconsistência na produção de sementes, uma produção inferior à média esperada, perdas económicas, etc. Tais situações foram observadas mesmo em alguns estados da Índia, como Tamilnadu, Gujarat e Andhra Pradesh, onde existiam plantações em grande escala.

Neste contexto, o presente trabalho foi proposto para analisar as condições de crescimento adequadas para uma melhor produção de sementes, uma vez que a produção de sementes é mais importante para uma plantação oleaginosa do que o crescimento físico da planta. O presente estudo foi efectuado em 7 estações de campo no distrito de Krishna, em Andhra Pradesh, nomeadamente ***Kuntamukkala, Morusumilli, Pulluru, Rajavaram, Nekkalam, Nandigama*** *e* ***Chandarlapadu***, para estudar a sustentabilidade da *Jatropha* como alternativa de biocombustível e comparar o desempenho do crescimento da *Jatropha* em diferentes condições, como espaçamento, tipos de solo e disponibilidade de água e nutrientes.

Este é o objetivo da dissertação: fornecer informações complementares necessárias e para uma melhor compreensão do cultivo de *Jatropha* em grande escala numa base rentável.

A Jatropha foi considerada resistente à seca e capaz de crescer em solos marginais e pobres (Divakara et al., 2010). A espécie não exige o tipo de solo (Jingura, 2011) e pode crescer em solos pobres em nutrientes, em terrenos baldios, exceto em zonas propensas a inundações e zonas alagadas (Singh et al, 2006). O presente estudo confirma que *o pinhão-manso* se estabeleceu com sucesso em todas as estações de campo, mas foram encontradas diferenças significativas no crescimento, na floração, na frutificação e na produção de sementes, que foram influenciadas por vários parâmetros, como o pH do solo, o calendário de rega e a disponibilidade de nutrientes, etc. As observações são as seguintes:

Na zona de estudo, *a Jatropha curcas* foi cultivada como monocultura (plantação em bloco) e como cultura limítrofe (vedação). As plantações em bloco foram mantidas nas estações de Rajavaram, Nandigama e Chandarlapadu, enquanto que nas estações de Morusumilli, Kuntamukkala, Pulluru e Nekkalam foi cultivada como plantação de fronteira.

5.1. Efeito das condições do solo:

(i) Efeito do tipo de solo: O solo também tem um impacto sobre o crescimento da planta. *A Jatropha* pode crescer numa grande variedade de solos. Os solos arenosos ou de cascalho bem drenados e com bom arejamento são os preferidos. Em solos pesados, a formação de raízes é dificultada (Heller 1996).

Observou-se que a altura média da planta foi máxima registada nas plantações com solo de cascalho preto, como 15 pés em Nandigama e

14,5 pés em Chandarlapadu. Foi registada uma altura moderada de 10 a 12,5 pés nos solos de algodão preto, como 10 pés em Nekkalam, 11,9 pés em Pulluru e 12,5 pés em Morusumilli. A altura mais baixa foi registada nos solos vermelhos, com 9,5 pés e 11,1 pés nas estações de Rajavaram e Kuntamukkala. A altura mínima foi observada em Rajavaram (9,5 pés) e na parte rochosa da plantação de Kuntamukkala, enquanto na parte não rochosa foi observada uma altura melhor.

O perímetro médio da planta também foi registado como máximo entre as estações de campo em solos de cascalho preto (10,8 polegadas em Nandigama e 10,5 polegadas em Chandarlapadu), seguido de solos pretos (9,6 polegadas em Pulluru, 9,5 polegadas em Morusumilli e 8,5 polegadas na plantação de Nekkalam). A menor circunferência média foi registada nos solos vermelhos, com 9,8 polegadas na plantação de Kuntamukkala e apenas 8,3 polegadas na plantação de Rajavaram.

Tendência semelhante foi observada mesmo no caso do número de ramos por planta, que se verificou ser maior nos solos de cascalho preto, como 30 em ambas as plantações de Nandigama e Chandarlapadu. O número de ramos foi moderado nos solos negros de algodão, variando de 23 a 29 (23 em Nekkalam, 25 em Pulluru e 29 na plantação de Morusumilli). Apenas 20 ramos foram registados na estação de Rajavaram e 22 na estação de Kuntamukkala. (Quadro 7).

No que respeita ao crescimento físico da planta em termos de altura, perímetro e número de ramos, verificou-se que os solos de cascalho preto, seguidos dos solos de algodão preto, apoiavam a planta, ao passo que os solos vermelhos eram menos favoráveis do que os solos de cascalho preto e de algodão preto. Entre as três plantações de solos de algodão preto, a plantação de Nekkalam apresentou os resultados mais baixos em termos de crescimento físico. Verificou-se que os solos rochosos não favorecem o crescimento, uma vez que, nos solos vermelhos, a parte rochosa da plantação de Kuntamukkala apresentou resultados inferiores aos da parte não rochosa da plantação.

Não só o crescimento físico, mas também a floração, a frutificação e a produção de sementes foram registados ao máximo entre as estações de campo nos solos de gravilha preta. Ao contrário do crescimento físico, a floração, a frutificação e a produção de sementes diminuíram nos solos de algodão preto em comparação com os solos vermelhos, exceto na plantação de Nekkalam (solo de algodão preto).

Com base nos resultados, confirma-se que o tipo de solo não mostrou qualquer tendência notável de aumento ou diminuição da floração, frutificação e produção de sementes entre os diferentes tipos de solo, mas entre todos os solos de cascalho preto verificou-se que apoiavam a produção.

(ii) Efeito do pH do solo: O crescimento da planta é influenciado por vários parâmetros como o pH do solo, a disponibilidade de humidade e de nutrientes no solo. O pH influencia a disponibilidade de nutrientes. O pH neutro é adequado para a maioria das plantas, uma vez que a planta pode absorver os minerais solúveis.

O pinhão-manso tem poucas necessidades nutricionais, mas o pH do solo não deve exceder 9 (Tewari 2007). Estudos efectuados por Biswas et al 2006, Singh et al 2006, Kheira e Atta, 2009 e Barua, 2011 indicaram que os solos ácidos e os solos com elevada alcalinidade (pH >9) não eram adequados para a cultura *da Jatropha.*

É evidente que a sua reação é elevada quando cresce em solos bem arejados. O pH ótimo de reação é considerado entre 6 e 8,5. A planta é bem adaptada a solos marginais com baixo teor de nutrientes, mas para suportar uma elevada produção de biomassa, a cultura apresenta uma elevada necessidade de fertilização com azoto e fósforo (Ouwens et al., 2007; Foidl et al, 1996).

No entanto, todas as sete estações de campo eram de natureza ligeiramente alcalina e o pH dos solos no presente estudo variou entre 7,5 e 8,14. (Tabela-7).

Dentro de uma pequena faixa de pH de 7,5 a 8,14, muitas variações puderam ser identificadas. A altura máxima entre todas as estações de campo foi observada a pH 8,14 (como 14,5 pés em Chandarlapadu e 15 pés em Nandigama) seguido de pH 8,0 (11,9 pés em Pulluru, 12,5 pés em Morusumilli). Depois notou-se um decréscimo na altura de pH 8.0 para 7.8 onde foi registado 10 pés em Nekkalam e 11.1 pés na plantação de Kuntamukkala. A menor altura foi registada no pH mais baixo entre as estações de campo, pH-7,5, com 9,5 pés na plantação de Rajavaram.

Da mesma forma, a circunferência da planta também foi registada como máxima a pH 8,14, seguida por pH- 8,0 e 7,8 e menos a pH-7,5. O perímetro médio mais elevado foi registado como 10,8 polegadas e 10,5 polegadas nas estações de Nandigama e Chandarlapadu onde o pH do solo era 8,14, seguido de 9,6 polegadas e 9,5 polegadas nas estações de Pulluru e Morusumilli onde o pH era 8,0. A circunferência média foi observada como 8,8 polegadas e 8,5 polegadas a pH-7,8 (plantações de Kuntamukkala e Nekkalam) e apenas 8,3 polegadas foram registadas a pH-7,5 na plantação de Rajavaram.

Da mesma forma, foram encontrados mais ramos a pH- 8,14 como 30 nas estações de Nandigama e Chandarlapadu. 29 e 25 foram registados nas plantações de Morusumilli e Pulluru (pH-8.0). A pH-7,8, foram registados 22 e 23 ramos nas estações de Kuntamukkala e Nekkalam, respetivamente, enquanto apenas 20 ramos foram observados a pH-7,5 (plantação de Rajavaram).

Uma faixa estreita de diferença de pH (7,5 a 8,14) mostrou muitas variações entre as diferentes estações e observou-se que o aumento do pH resultou no aumento do crescimento da planta.

No caso da floração, frutificação e produção de sementes, não foi possível observar uma tendência distinta, uma vez que não houve uma sequência específica no aumento ou diminuição da fenologia com o aumento do pH. No entanto, os resultados máximos foram obtidos a pH-8,14, com 72% de floração, 61,1% de frutificação e 52% de produção de sementes na plantação de Chandarlapadu e 69% de floração, 50,2% de frutificação e 40% de produção de sementes na plantação de Nandigama. As percentagens mais baixas foram registadas a pH-8,0, embora o crescimento físico da planta tenha sido ligeiramente superior quando comparado com o de pH inferior, ou seja, pH-7,8 e 7,5. Em Rajavaram (pH 7,5), o crescimento físico da planta foi fraco, mas a floração, a frutificação e a produção de sementes foram registadas em 40%, 30% e 23,6%, respetivamente.

Com isso, é evidente que mesmo uma diferença estreita de 0,64 (7,5 a 8,14) mostrou um aumento do crescimento com o aumento do pH, mas não pôde mostrar nenhuma tendência distinta de aumento ou diminuição com a mudança de pH (Tabela-7).

5.2. Efeito do espaçamento:

O espaçamento entre as plantas tem um grande impacto nas propriedades do solo. Assim, a densidade das plantas está a influenciar o crescimento e a produção de sementes da planta.

Achten, (2010) referiu que um espaçamento estreito conduzirá a um rápido fecho da copa, o que resulta numa maior competição pela água e pela luz e numa menor relação fruto: biomassa no estádio maduro. Quando se planta *pinhão-manso* para vedação viva ou sebes para conservação do solo, é necessária uma biomassa densa e é adequado um espaçamento estreito.

Quando o objetivo da plantação é a produção de óleo, as plântulas devem ser plantadas com uma largura suficiente para garantir uma elevada produção de sementes no estádio maduro, mas suficientemente perto para evitar uma perda inaceitável da capacidade fotossintética no estádio juvenil. Assim, o espaçamento ótimo só pode ser recomendado após pelo menos 5 anos consecutivos de observações de crescimento e rendimento, e isto em diferentes condições ambientais e utilizando diferentes proveniências.

Em terrenos baldios alimentados pela chuva, plantações de alta densidade a 2 ×1m ou 1.5 ×1.5m acomodando 5000 ou 4444 plantas por hectare respetivamente, era desejável (Radich, 2004; Gubitz et al 1999). As distâncias de plantação de 2×2 M (2500 plantas ha^{-1}), 2.5×2.5m (1600 plantas ha^{-1}) ou 3×3m (1111 plantas ha^{-1}) são práticas comuns. Adriaans et al, (2006) sugeriram um espaçamento de 3×3m para um melhor rendimento, uma vez que uma vegetação mais densa afecta o rendimento das sementes.

Chikara et al, (2007) relataram que com o aumento do espaçamento, a produção de sementes por árvore $^{-1}$ pode aumentar significativamente, mas a produção de sementes por hectare $^{-1}$ pode diminuir. Para práticas de consociação, o espaçamento pode ser variável, como 5x2m ou 4,5x3m ou 6x6m.

As distâncias de plantação de 2 × 2 m (2500 plantas ha -1), 2,5 × 2,5 m (1600 plantas ha -1) ou 3 × 3 m (1111 plantas ha -1) são práticas comuns (Heller 1996).

Kaushik e Kumar (2006) propuseram a utilização de padrões de espaçamento mais largos (4×2 m e 4×3 m) e sistemas agroflorestais (espaçamento 5×2 m e 6×6 m) para otimizar o rendimento de plantas individuais *de Jatropha*.

O espaçamento recomendado nas sebes para a conservação do solo é de 15-25 cm dentro e entre linhas (em caso de vedação dupla) (4000-6700 plantas km $^{-1}$) (Openshaw 2000).

Relatórios anteriores de Patolia et al., (2007), revelaram que o crescimento e a produção de sementes aumentaram com o aumento da densidade da planta e a % de nutrientes diminuiu em parcelas de baixa densidade. No presente estudo, também o crescimento físico, bem como a produção de sementes secas, foram registados em maior número nas parcelas de alta densidade em Chandarlapadu (1×1m, 1,5×1,5m), em comparação com as parcelas de 2×2m, 3×3m. Isto foi devido à adição de nutrientes externamente para superar a competição pelos nutrientes.

Em plantações de 2,5 anos, observou-se que com o aumento do espaçamento, a produção de sementes por árvore $^{-1}$ aumentou significativamente, enquanto a produção de sementes por hectare $^{-1}$ diminuiu (Chikara et al. 2007). Aqui foi observado que nas duas plantações suplementadas com nutrientes, viz., Nandigama e Chandarlapadu, foi registada uma média de 12 kg/planta de sementes. 2-2,5 Kg de sementes secas / planta foram registados no local de controlo e comparativamente menos produção foi registada na plantação de Nandigama como <2 Kg de sementes secas / planta.

Penjit et al., (2011) relataram que o espaçamento foi o fator importante juntamente com o programa de gestão de corte para o cultivo de longa duração. O espaçamento 2×2 M e 2×3 M deu um alto rendimento de 129,2 e 127,1 kg/rai para o primeiro ano de cultivo.

Os resultados experimentais do presente estudo mostraram que a diferença de espaçamento não teve efeitos significativos no crescimento (por exemplo, perímetro da planta, altura da planta e número de ramos por planta) do pinhão manso (*Jatropha* curcas L.) antes da poda. No entanto, após a poda, foram observados desvios no crescimento físico e na produção de sementes.

No entanto, o pinhão manso testado nos espaçamentos de 1×1m e 2 m x 2 m apresentou os valores médios mais elevados em todas as caraterísticas. Os resultados mostraram que as plantas de pinhão manso testadas no espaçamento 1,5 m x 1,5 m apresentaram uma melhor recuperação um ano após o transplante do que as plantas de pinhão manso testadas em espaçamentos maiores (2 m x 2 m e 3 m x 3 m).

No espaçamento de 3x3m foi observado um aumento de 5,7 pés em Rajavaram, enquanto que 11,8 pés foram observados em Nandigama. A variação entre os locais foi quase o dobro. No entanto, a altura de 11,8 pés também foi observada no espaçamento 2x2m. Além disso, com a fertilização, foi possível registar 10,2 pés mesmo nos espaçamentos mínimos de 1x1m e 1,5x1,5m.

Tendência semelhante foi observada também no caso da circunferência. Foi observada uma variação em dois locais diferentes de espaçamento 3x3m (5,7 polegadas em Rajavaram e 7,6 polegadas em Nandigama). Foram observadas circunferências de 7,6 e 7,3 polegadas mesmo nos espaçamentos menores de 2x2m, 1x1m e 1,5x1,5m.

No espaçamento 3x3m, Rajavaram registou um aumento de 16 ramos, enquanto Nandigama registou 27. O mesmo aumento de 27 ramos foi registado mesmo nas parcelas de espaçamento médio e baixo, Nandigama (2x2m) e Chandarlapadu (1x1m e 1,5x1,5m).

Não se registou qualquer variação específica nos diferentes espaçamentos. Foram observadas variações no mesmo espaçamento entre os diferentes locais. É evidente que 2x2m é ideal para o plantio em bloco e com a fertilização o mesmo crescimento foi observado nos espaçamentos 1x1m e 1,5x1,5m.

Dependendo do número de ramos por planta, a floração, a frutificação e a produção de sementes variaram de uma estação para outra. Além disso, foram influenciados pela suplementação de nutrientes e água.

Entre as plantações limítrofes, foi identificado um maior número de ramos nas plantações com espaçamento de 3m, em comparação com 2m. A altura e a circunferência também foram maiores no espaçamento de 3m.

Mas os resultados fenológicos não mostraram tal variação porque foram obtidos resultados semelhantes em ambos os espaçamentos. Portanto, o espaçamento não tem muita influência nas plantações de fronteira a 3m e 2m de distância.

Os maiores valores médios de diâmetro do tronco, altura da planta e número de ramos por planta foram encontrados no pinhão manso fertilizado com adubação de esterco. A razão foi a disponibilidade de maiores teores de nutrientes (por exemplo, N-P-K) nos fertilizantes orgânicos do que nas outras parcelas. Como resultado, sugere-se que a aplicação de fertilizantes orgânicos deve produzir melhores resultados do que a não aplicação de fertilização para o pinhão manso. Também foi observado em parcelas de baixa densidade (1×1m, 1,5×1,5m) que foi registada uma maior percentagem de rendimento quando comparada com parcelas de 2×2m, 3×3m. Isto deveu-se à adição de nutrientes externamente para ultrapassar a competição pelos nutrientes.

Resultados semelhantes foram encontrados noutro estudo sobre diferentes espaçamentos e fertilização realizado por Ounchittikoun, (2005) que revelou que as plantas de pinhão manso fertilizadas com 187,5 kg/ha (30 kg/rai) de fertilizante químico (15-15-15) num espaçamento de 1 m x 1 m produziram a maior produção de sementes (725,56 kg/ha ou 116 kg/rai) nos primeiros três anos de plantação. No entanto, essa produção de sementes ainda era insatisfatória devido ao solo pobre com baixo teor de nutrientes. Estes resultados estavam em conformidade com os de Soudkeo (2005) onde, no estudo preliminar sobre a plantação de *Jatropha*, as estacas *de Jatropha* testadas num espaçamento de 1 m x 2 m com uma boa gestão (por exemplo, canais de irrigação, fertilização e controlo de ervas daninhas) deram um rendimento de sementes satisfatório (1 kg de sementes/planta) no primeiro ano de plantação.

Ao contrário do que foi dito acima, Thachaleun et al. (2006) relataram que 12 variedades externas, juntamente com 01 espécie local de pinhão manso, tratadas com fertilização e administração química no espaçamento de 1 m x 1 m, apresentaram menor rendimento de sementes. Outro estudo revelou que tanto as plântulas como as estacas testadas no espaçamento de 1 m x 1 m produziram menos de 625 kg/ha (100 kg/rai) de rendimento de sementes no primeiro ano de plantação.

A análise das amostras de solo indicou que, à medida que o espaçamento entre plantas aumenta, os nutrientes do solo também aumentam. Este facto foi confirmado pelo crescimento físico da planta e também pela maior % de N, P e K. Também se observou que o espaçamento tem um efeito limitado no crescimento, uma vez que o efeito do espaçamento pode ser ultrapassado por rega regular e suplementação de nutrientes. Verificou-se que o espaçamento das plantas é um compromisso entre a biomassa e a produção de frutos. Um espaçamento estreito conduzirá a um fecho rápido da copa das árvores, o que resulta numa maior competição pela água e pela luz e numa menor relação frutos: biomassa no estádio maduro.

Considerando todos os parâmetros, ficou provado que o espaçamento tem uma influência limitada no crescimento da planta e na produção de sementes. Verificou-se que para o cultivo de *Jatropha* como uma plantação em bloco, o espaçamento ideal é 1x1m com fertilização e 2x2m sem fertilização.

5.3. Efeito da poda:

A poda correta (2/3 do ramo na fase de dormência, quando as folhas caem) parece ser uma técnica eficaz para induzir novas ramificações. Para dar uma forma arbustiva, a planta deve ser podada durante a primavera (fevereiro-março) até aos 5 anos, incluindo uma poda quando as plantas atingem 1,5 m de altura. Depois disso, a planta deve ser podada acima do nível do solo uma vez em cada 10 anos a 45 cm acima do solo.

Os principais objectivos da poda das árvores de pinhão manso são: 1) controlar a altura da planta e dar uma forma arbustiva; 2) eliminar a dominância apical e estimular a rebentação lateral; e 3) ajudar as plantas a manter o teor de humidade durante a estação seca.

Ratree (2004) estudou o crescimento e a produção de sementes das diferentes variedades de pinhão manso (*Jatropha* curcas L.) testadas num tipo de solo pobre, arenoso e ácido no nordeste da Tailândia e revelou que as estacas de caule para plantação a um comprimento de 90 cm deram a maior produção de sementes. Tanto a lavoura como a não lavoura não tiveram efeitos significativos no rendimento das sementes. Quanto mais longo for o período de armazenamento das sementes, menor será a percentagem da taxa de germinação.

Peer, (2010) referiu que a poda deve ser um processo contínuo para selecionar os ramos certos e permitir a entrada da luz solar através do desbaste. Com demasiados ramos, a luz solar não será recebida corretamente e a floração poderá ser reduzida. A luz solar também é importante, juntamente com a água e os nutrientes, para a floração.

Alguns estudos efectuados por Euler e Gorriz (2004) e Tigere et al, (2006) revelaram que a poda influencia o crescimento da planta através do aumento do número de ramos. Kaushik e Kumar 2006 relataram que, aos seis meses de idade, é útil arrancar os rebentos terminais para induzir a ramificação lateral. Recomenda-se a poda dos ramos secundários ou terciários para induzir mais ramos. Uma vez em cada 10 anos, a planta inteira deve ser cortada até ao nível do solo, deixando um cepo de 45 cm.

Dependendo da taxa de crescimento, a poda do ramo principal a 30-45 cm de altura é apropriada (Gour, 2006). Os ramos secundários e terciários devem ser podados no final do primeiro ano para provocar mais ramos. Cada ramo lateral deve ser podado até dois terços da parte superior no segundo ano (Kaushik, 2006). A poda no período seco ou no inverno, depois de as árvores terem perdido as suas folhas, resultará numa forma de árvore mais baixa e mais larga, estimulará uma produção mais precoce de sementes e facilitará a colheita manual. A planta inteira tem de ser cortada uma vez em cada 10 anos, deixando um cepo de 45 cm para induzir um novo crescimento e estabilizar a produção. O recrescimento será rápido e as árvores começam a produzir novamente dentro de cerca de 1 ano (Gour, 2006).

Behera et al, (2009) referiram que a poda ajuda a maximizar o número de ramos laterais e que a altura óptima da planta para uma melhor biomassa é de 30-45 cm.

Xeenavong, (2005) revelou no seu estudo sobre o efeito da poda que a poda pode estimular a planta de Física a produzir o maior rendimento de sementes 6 meses após a poda.

Brittaine e Lutaladio, (2010) relataram que a poda durante a estação seca, quando a planta está dormente, é importante para aumentar a ramificação e, consequentemente, o número de inflorescências nas pontas dos ramos.

Durante o período de estudo (janeiro de 2009 a outubro de 2011), as plantações em bloco, nomeadamente a zona de Rajavaram, registaram um aumento de 16 ramos (4-20), a zona de Nandigama registou um aumento de 27 ramos (3-30) após uma poda, enquanto a zona de Chandarlapadu registou um aumento de 27 ramos (3-30) após duas podas. O sítio de Kuntamukkala registou um aumento de 18 ramos (4-22), o sítio de Morusumilli registou um aumento de 24 ramos (5-29), o sítio de Pulluru registou um aumento de 20 ramos (5-25) e o sítio de Nekkalam registou um aumento do número de ramos de 4 para 29 entre janeiro de 2009 e outubro de 11, após uma poda.

Observou-se que, após a poda, o número de ramos aumentou e a floração também foi induzida. Os resultados revelaram que a poda do tronco principal permite obter uma maior produtividade e rentabilidade, para obter uma ramificação abundante e um rendimento mais elevado. Devido ao aumento do número de ramos, a percentagem de floração, de frutificação e de produção de sementes também aumentou

Os resultados do presente estudo confirmam as afirmações de Barua, (2011) de que é possível obter maior produtividade e rentabilidade através da poda do tronco principal após 1,5 m de crescimento para obter ramificações profusas e maior rendimento.

Mesmo com uma densidade elevada, os resultados foram bons no local de controlo, devido ao maior número de ramos que se deveu à poda. Estes resultados estão em conformidade com os de Ouwens et al. (2007), segundo os quais o tamanho da copa determina o número máximo de ramos floridos. Árvores grandes numa densidade de plantação baixa ou plantas mais pequenas (anãs) em densidades elevadas (até 10000/ha) podem aparentemente resultar em ramos floridos suficientes.

5.4. Efeito da rega:

Uma das principais vantagens mencionadas *da Jatropha*'s é a sua resistência à seca e a sua baixa necessidade de água. A capacidade de cultivar *Jatropha* em condições de seca e de aumentar a cobertura vegetal em terras degradadas permite canalizar a água, que anteriormente se evaporava do solo, para uma transpiração positiva. No entanto, um possível impacto negativo deste facto é que o aumento da evapotranspiração das plantações provoca uma diminuição do abastecimento de água a jusante.

A Jatropha é ainda uma planta selvagem, que pode crescer sem irrigação num amplo espetro de regimes de precipitação, de 250 a 3000 mm/ano (Foidl et al., 1996). É suportada por poucas pragas e doenças, mas isto pode mudar quando é cultivada em plantações comerciais com irrigação e fertilização regulares (Sharma, 2007).

A utilização da irrigação para as plantações *de Jatropha* exerce pressão sobre os recursos limitados em zonas com escassez de água; é necessária uma gestão eficiente da água para otimizar a utilização dos escassos recursos. Existem cálculos da pegada hídrica total da *Jatropha*, mas estes variam muito. De acordo com Gerbens-Leenes (2009), a utilização da água para a produção de biodiesel *de Jatropha* na Índia é muito ineficiente, e a produção de um GJ de energia requer 600 m3 de água, o que equivale a 20 000 litros de água por litro de biodiesel.

A Jatropha pode ser cultivada em habitats de zonas tropicais/subtropicais, com uma precipitação adequada de 200-1500 mm/ano. O caule permanece fotossinteticamente ativo e, neste estado, a planta pode sobreviver sem chuva durante mais de um ano. Existem vários relatórios em conformidade com a afirmação anterior, como o The Biomass Project, (2000) e Fact (2009).

Vários outros relatórios (Kheira e Atta, 2009 e Achten et al, 2010) referem que a seca induziu reduções no crescimento e no rendimento da *Jatropha* em várias condições de crescimento. A irrigação deficitária diminuiu o crescimento e o desenvolvimento das plantas *de Jatropha*, mas as plantas continuaram a crescer mesmo com uma irrigação tão baixa quanto 30% do uso diário de água.

A fotossíntese líquida não foi afetada pelo stress ligeiro a moderado, mas caiu abruptamente com o stress severo, o que pode ser devido à redução da condutância estomática. (Helena et al., 2013)

Wahl et al, (2009) e Montobbio et al, (2010) relataram que a irrigação contínua favorece a alta produtividade e também o número de frutos secos por planta. O número de sementes por planta foi quase o dobro nas plantas irrigadas quando comparadas com as plantas não irrigadas de sequeiro.

Prajapati e Prajapati (2005) estimaram a produção *de Jatropha* em condições de sequeiro e de regadio na Índia. Após 5 anos, a produção por árvore variou entre 1,2 quilogramas em condições de sequeiro e 3,2 quilogramas em condições de regadio. O rendimento em condições de sequeiro é cerca de 40% superior ao de regadio, o que implica que *a Jatropha* pode ser cultivada em terras semi-áridas, mas requer um certo nível de precipitação para produzir rendimentos elevados.

Francis et al., (2005) relataram que o rendimento varia significativamente dependendo da entrada de água, que determina o número de períodos de frutificação por ano, que pode variar de um a três.

Os estudos de Chaudhury et al., (2007) também revelaram que a aplicação de nutrientes e água em solos pobres aumenta a produção.

Montobbio et al., (2010) referiram que a irrigação influencia a produção de sementes e no seu estudo verificaram que apenas um décimo da produção esperada foi obtida em condições de irrigação. Também observou que o número médio de frutos secos por planta era duas vezes superior nas parcelas irrigadas em comparação com as de sequeiro e que a percentagem de sobrevivência era significativamente superior nas parcelas irrigadas.

Maes et al (2009) também revelaram que *a Jatropha* não é comum em regiões com climas áridos e semi-áridos e não ocorre naturalmente em regiões com precipitação inferior a 944 mm por ano. O resultado do estudo demonstrou que as plantações em regiões áridas ou semi-áridas podem apresentar uma baixa produtividade ou necessitar de irrigação adicional.

Observações semelhantes foram feitas também no presente estudo. A disponibilidade de água desempenha um papel importante no crescimento da planta. No entanto, o horário e o modo de aplicação da água influenciam o crescimento em diferentes locais.

Sendo uma suculenta xerófita, a sua necessidade de água é extremamente baixa e pode suportar longos períodos de seca, desfiando as folhas para reduzir a perda de transpiração e nos meses de inverno (novembro-fevereiro). As plantas perdem as suas folhas, formando uma cobertura vegetal à volta da base da planta (Weisenhuetter, 2003).

No final do 4º ano da planta (Out-2011), nas três parcelas irrigadas por gotejamento viz, Nandigama, Chandarlapadu e Kuntamukkala mais número de ramos foram identificados como 26, 26 e 23, respetivamente, em comparação com as outras parcelas em que o número de ramos foram confinados a 21 (em Pulluru, Morusumilli e Nekkalam) e 20 em Rajavaram.

A água é o mineral importante para decidir o crescimento da planta. Isto foi comprovado pelas variações na altura média da planta em várias plantações. A altura média da planta foi máxima nas parcelas de Nandigama e Chandarlapadu, com 13 pés, seguida de Kuntamukkala com uma altura média de 12 pés e 10 pés nas parcelas de Morusumilli, Nekkalam e Pulluru. A altura mínima foi registada na parcela de Rajavaram (9 pés).

A altura e a circunferência da planta (a 1 pé do chão) também foram relatadas como máximas nas parcelas irrigadas por gotejamento, seguidas pelas parcelas irrigadas por poço. A disponibilidade uniforme e regular da água foi a razão para este crescimento nestas plantações. A menor porcentagem de crescimento foi observada nas plantações alimentadas pela chuva, onde não havia disponibilidade uniforme de água.

O estudo confirmou que a rega regular e contínua tem um impacto significativo sobre o crescimento e também sobre a floração. Foi evidente pelas diferenças no número de ramos por planta e também na floração, frutificação e produção de sementes secas, nos locais irrigados por gotejamento, nos locais irrigados por poço e nos locais alimentados pela chuva. Com base nos resultados observados neste estudo, a irrigação por gotejamento foi provada ser mais positiva, em comparação com a irrigação por poço, porque o mínimo de água pode ser disponibilizado regularmente. Outra vantagem da irrigação por gotejamento é que não haverá desperdício de água. Assim, o conteúdo de umidade do solo pode ser gerido de forma uniforme, o que ajuda o crescimento da planta. Nas plantações alimentadas pela chuva, a disponibilidade de água ajudou no crescimento físico da planta.

A adição de nutrientes pode ser a razão, além da suplementação de água por gotejamento para a altura máxima nas parcelas de Nandigama e Chandarlapadu. O baixo crescimento foi observado devido à irregularidade na disponibilidade do conteúdo de água para o crescimento da planta, embora as parcelas Rajavaram e Nekkalam estivessem recebendo uma precipitação anual de 1135 mm / ano durante o período de estudo.

Frutos:

O comprimento médio das sementes foi medido. Foi registado entre 1,5 cm e 1,8 cm. O número de sementes por fruto também foi observado como 2-3. Foi calculada a relação entre a casca do fruto e a semente, com base no peso seco de uma amostra de mil frutos secos de cada estação de campo.

A qualidade do fruto também foi importante para decidir o teor de óleo da semente. Observou-se que os frutos amadurecidos na árvore tinham um bom teor de óleo do que os frutos amadurecidos fora da árvore. De acordo com Wills et al (1998), o desenvolvimento e a maturação do fruto só se completam quando este está ligado à planta, mas o amadurecimento pode ocorrer dentro ou fora da árvore.

Como mencionado por Silip e Tambunan, (2008) e confirmado pelo presente estudo, a maturação dos frutos não foi uniforme na árvore e também num cacho individual. Esta foi uma das dificuldades na recolha dos frutos secos, o que aumentou os custos de mão de obra para a recolha dos frutos secos.

Dos três locais irrigados por gotejamento, o maior número de sementes por 1000 frutos foi registrado em dois locais irrigados por gotejamento, Chandarlapadu e Nandigama com 2550 e 2430, seguido por duas plantações alimentadas pela chuva, Rajavaram e Nekkalam com 2400 e 2100, devido à suplementação regular de água. O outro local irrigado por gotejamento, Kuntamukkala, mostrou uma ligeira diminuição em 2022 devido à superfície rochosa. Menor número de sementes foi observado nas parcelas irrigadas por poço, Morusumilli e Pulluru em 1960 e 1972. Foi observada uma tendência semelhante no caso do peso seco do fruto e da semente. A suplementação de nutrientes também foi adicionada à melhor qualidade dos frutos em termos de maior número de sementes / 1000 frutos, peso seco de frutos e sementes no local de Chandarlapadu. (Tabela 37).

Os resultados mostraram que a planta pode sobreviver sem suplementação regular de água mas o crescimento físico, bem como a produção de sementes, foram influenciados pela disponibilidade de água. Ficou provado que a disponibilidade regular e contínua de água resultou na produção máxima de sementes. Para o cultivo *de Jatropha* em grande escala para fins de produção de óleo, é necessária uma adaptação da suplementação regular de água.

5.5. Efeito da associação VAM: Embora *a Jatropha* seja bem adaptada a solos marginais com baixo teor de nutrientes, o azoto e o fósforo são mais essenciais para obter um rendimento elevado (Foidl et al, 1996).

A absorção de P, K e micronutrientes aumentou com a inoculação micorrízica (Carvalho, 2007).

Foram encontradas no sistema radicular micorrizas que ajudam na absorção de fósforo e microelementos (TERI 2006). *O pinhão-manso* inoculado com micorriza registou um aumento de 30% na biomassa e na produção de sementes sete meses após a plantação de mudas com um ano de idade (Tewari 2007).

As plântulas *de Jatropha* inoculadas com Micorriza Arbuscular Vescicular (MVA) tiveram maior sobrevivência (%), comprimento do rebento, diâmetro do rebento e peso seco do rebento, da raiz e da planta do que as plântulas não micorrizadas. Também se nota que a taxa de colonização micorrízica diminuiu com o aumento da salinidade (Kumar et al, 2010).

A micorriza VA aumenta a solubilidade dos fosfatos nos solos, fornecendo assim fósforo indisponível às plantas. Todas estas parcelas são fornecidas com VAM na altura da plantação. Este facto contribuiu para um sistema radicular extenso e para uma melhor absorção dos nutrientes do solo. As associações micorrízicas foram observadas na rizosfera e são conhecidas por ajudarem o crescimento das plantas através da suplementação de fosfato. Este facto foi confirmado pela maior percentagem de amostras de solo com P (>70 kg/acre).

5.6. Efeito dos nutrientes: *A Jatropha* está bem adaptada a solos marginais com baixo teor de nutrientes, mas para suportar uma elevada produção de biomassa, a cultura mostra uma elevada procura de fertilização com azoto e fósforo (Foidl et al. 1996, Owens et al, 2007).

Jepsen et al., (2004), revelaram que *a Jatropha* tem um arranque rápido e não precisa de estrume para germinar; no entanto, uma vez iniciada a germinação, o estrume tem um impacto positivo no crescimento.

Mohapatra e Panda, (2011) também observaram resultados semelhantes, uma vez que a aplicação de fertilizante N provou ser benéfica para a *Jatropha* em condições agro-climáticas tropicais num Aeric-Tropaquept do leste da Índia.

Chaudhary et al, (2007) revelaram no seu estudo que, no caso da *Jatropha* curcas, foi registada uma melhoria da estrutura do solo com os solos selecionados com fertilizantes minerais. A densidade aparente do solo foi reduzida em 20%. A densidade da população microbiana era 50% mais elevada na rizosfera do que na não rizosfera, o que também foi confirmado por valores mais elevados de respiração do solo, C orgânico e biomassa N, em comparação com as amostras de solo não rizosférico, tanto ao nível da superfície como da subsuperfície.

Os resultados da análise do solo do presente estudo mostraram que os teores de nutrientes do solo (por exemplo, N-P-K) e o pH do solo no local de controlo diminuíram ligeiramente um ano após a plantação do pinhão manso (*Jatropha* curcas L.) antes da aplicação de nutrientes. A razão para tal pode ser o facto de os nutrientes disponíveis não serem suficientes para a absorção das plantas devido à competição causada pela elevada densidade. Por conseguinte, as plantas absorveram mais nutrientes do solo para crescerem. Isto indica que é essencial melhorar o solo através de fertilização regular durante a plantação de pinhão manso. O objetivo é enriquecer os nutrientes do solo e aumentar a absorção das plantas para um crescimento pleno e rendimentos satisfatórios.

Em outubro de 2011, a altura média da planta foi registada como máxima nos locais com suplemento de nutrientes, nomeadamente, Chandarlapadu e Nandigama, com 14,5 pés e 15 pés, respetivamente, enquanto que foi registada entre 9,5 pés e 12,5 pés nas estações de campo sem o suplemento de nutrientes (9,5 pés em Rajavaram, 10 pés em Nekkalam, 11,1 em Kuntamukkala, 11,9 pés em Pulluru e 12,5 pés nas estações de Morusumilli).

Entre as estações de campo, a circunferência média da planta foi registada como máxima nos locais com suplemento de nutrientes, viz., Chandarlapadu e Nandigama, com 10,5 polegadas e 10,8 polegadas, respetivamente, enquanto que foi registada entre 8,3 polegadas e 9,6 polegadas nas outras estações de campo, como 8,3 polegadas em Rajavaram, 8,5 polegadas em Nekkalam, 8,8 polegadas em Kuntamukkala, 9,5 polegadas em Morusumilli e 9,6 polegadas em Pulluru.

O número de ramos por planta foi registado como máximo nos locais com suplemento de nutrientes, nomeadamente Chandarlapadu e Nandigama, com 30 em cada estação, enquanto que nas outras estações de campo foi registado entre 20-29, como 20 em Rajavaram, 22 em Kuntamukkala, 23 em Nekkalam, 25 em Pulluru e 29 em Morusumilli.

A aplicação de nutrientes mostrou um efeito positivo no diâmetro do colo e esta resposta positiva pode ser devida ao prolongamento da atividade cambial. Este facto também foi confirmado por um estudo realizado por Kannan e Kannan (2013), com diferentes composições de estrume, no qual se verificou que a aplicação da combinação de Azospirillum, Phosphobacteria, AM fungi, trichoderma, FYM, e NPK registou um melhor rendimento comparativamente.

A aplicação de NPK e superfosfato resultou num melhor rendimento no local de controlo (Chandarlapadu). O fósforo ajudou a planta na divisão celular e no crescimento meristemático. O potássio influenciou a fotossíntese da planta e conferiu-lhe vigor. O azoto é o elemento essencial básico que desempenhou também um papel vital na formação das sementes. O enxofre adicionado ajudou a planta a criar um sistema radicular extenso que promoveu a absorção dos nutrientes do solo. Assim, a adição de nutrientes promoveu o crescimento na estação de Chandarlapadu.

Nas percentagens iniciais de floração não houve muita variação entre os diferentes locais de estudo, mas observou-se que a absorção de nutrientes desempenhou um papel vital no aumento da percentagem de floração. Quase duas vezes mais percentagem foi registada nos locais com suplemento de nutrientes quando comparados com os locais sem nutrientes.

As percentagens mais elevadas de floração, ou seja, 72% e 69% foram registadas no final de outubro de 2011, nas parcelas de Chandarlapadu e Nandigama, onde os nutrientes foram suplementados. A floração foi registada pela seguinte ordem

Kuntamukkala (60%), Nekkalam (43,6%), Rajavaram (40%), Morusumilli (30,5%) e Pulluru (30%).

A adição de nutrientes na forma de NPK e superfosfato foi feita e, assim, os nutrientes foram disponibilizados para a plantação de Chandarlapadu, especialmente o potássio, que era necessário para a planta durante a floração. Assim, a adição de nutrientes pode ter ajudado a superar o efeito da competição por nutrientes devido ao espaçamento mínimo (1 × 1 m, 1,5 × 1,5 m).

Em relação aos efeitos da aplicação de fertilizantes, os resultados indicaram que o pinhão manso sem adubação apresentou diferenças altamente significativas no crescimento, com os menores valores médios de diâmetro do tronco, altura da planta e número de ramos por planta. Os maiores valores médios de diâmetro do tronco, altura da planta e número de ramos por planta foram encontrados no pinhão manso fertilizado com adubação de esterco. Além disso, a produção de sementes foi duplicada nos solos suplementados com nutrientes quando comparados com os solos sem fertilizantes. Isto mostra claramente que os nutrientes são necessários para aumentar a percentagem de floração e, assim, a produção final de sementes em *Jatropha*.

Os registos foram apoiados pelos de Yong et al., (2010) e Mohapatra e Panda (2011) pelo seu estudo no qual identificaram que a aplicação de fertilizantes inorgânicos tem diferenças significativas no crescimento, bem como no rendimento. Verificaram também que a aplicação de fertilizante N provou ser benéfica para a *Jatropha* em condições agro-climáticas tropicais.

No entanto, Ounchittikoun (2005) citou no estudo sobre diferentes espaçamentos e fertilização que as plantas de pinhão manso fertilizadas com 187,5 kg/ha (30 kg/rai) de fertilizante químico (15-15-15) no espaçamento de 1 m x 1 m ainda produziram um rendimento insatisfatório de sementes (725,56 kg/ha ou 116 kg/rai) nos primeiros três anos de plantação devido ao solo pobre com baixos teores de nutrientes.

Mohapatra e Panda (2011) observaram que as plantas que receberam fertilizante N eram vigorosas e produziam sementes saudáveis em geral, em comparação com outras, e também aumentavam o teor de óleo. Reddy et al. (1990) também relataram que a aplicação de doses mais elevadas de azoto resultou num maior rendimento de sementes na cultura oleaginosa, a soja. Os resultados actuais estão em conformidade com as afirmações acima referidas, uma vez que a suplementação de nutrientes também contribuiu para a melhor qualidade dos frutos em termos de maior número de sementes/1000 frutos, peso seco dos frutos e sementes no local de Chandarlapadu.

CAPÍTULO 6

RESUMO E CONCLUSÕES

6.1 Resumo dos trabalhos

Foram observados vários relatórios e a informação recolhida junto dos cultivadores revelou limitações para o seu cultivo em grande escala, como a inconsistência no crescimento e na produção de sementes, mesmo em terras irrigadas. São necessárias estratégias melhoradas para a gestão da água e dos nutrientes, de modo a garantir condições de ar óptimas e um estado adequado dos nutrientes, para que o rendimento possa ser maximizado.

A nível mundial, os biocombustíveis atraem uma atenção crescente para reduzir as emissões de gases com efeito de estufa e diminuir a dependência dos combustíveis fósseis. *A Jatropha* curcas L. (mais conhecida por *Jatropha*) é uma cultura alternativa para a produção de biocombustíveis. Os seus frutos contêm sementes oleaginosas. O óleo pode ser extraído com técnicas simples e é facilmente convertível em biodiesel. Os actuais investimentos e a expansão da área cultivada com *Jatropha* revelam um grande interesse pelo seu potencial.

A Jatropha curcas (Linnaeus), normalmente designada por "*JATROPHA*", é um arbusto de folha caduca monóica ou uma pequena árvore até 6 m de altura com madeira macia e que se crê ser originária do México e da região da América Central. Foi introduzida em África e na Ásia e mais tarde espalhada para outros continentes do mundo pelos colonos portugueses no século XVII, mas atualmente é cultivada em todo o mundo em muitas partes dos trópicos e subtrópicos, onde é cultivada como cultura de cobertura e para uso tradicional. Embora se adapte bem a solos marginais com baixo teor de nutrientes, a fertilização com azoto e fósforo é necessária para obter um rendimento elevado. A não-palatabilidade, a adequação a várias condições climáticas e de solo, a fácil propagação, a taxa de crescimento mais rápida e a natureza perene são as outras caraterísticas preferíveis para a seleção da espécie *J. curcas* como potencial cultura de biocombustível.

A questão principal é saber se a cultura *da Jatropha* em grande escala é viável em condições ecológicas variadas. Para resolver esta questão, é necessária uma investigação aprofundada. Considerando a falta de conhecimento científico e a expansão futura prevista da área cultivada *com Jatropha*, o objetivo desta dissertação é avaliar a sustentabilidade presumida do cultivo de *Jatropha* em condições ambientais variadas e contribuir para o conhecimento sobre a sustentabilidade potencial da *Jatropha.*

Esta tese fornece as informações necessárias e complementares para uma melhor compreensão do crescimento *da Jatropha,* de modo a orientar a investigação futura para avaliar a resposta da *Jatropha* a diferentes condições ecológicas.

O trabalho de investigação foi iniciado com os seguintes objectivos

- Estudar a viabilidade da *Jatropha* como alternativa de biocombustível
- Comparar o desempenho do crescimento da *Jatropha* em diferentes condições, como espaçamento, tipos de solo e disponibilidade de água e nutrientes, adoptando uma estratégia multifacetada de suplementação de nutrientes e água.
- Estudar a aplicação do VAM e estabelecer eficiências de absorção utilizando medidas de conservação da humidade do solo (SMC) e técnicas de gestão da zona radicular (RZM).
- Descobrir a perceção dos cultivadores em relação aos diferentes padrões de cultivo actuais e, assim, analisar o âmbito e a economia do cultivo.

- Desenvolver o plano de ação para encorajar os gestores agrícolas a optarem por uma cultura rentável de *Jatropha*.

Com estes objectivos, as potencialidades da cultura bioenergética *Jatropha* curcas L. são investigadas através de ensaios de campo no distrito de Krishna, Andhra Pradesh, Índia. O crescimento e o desenvolvimento da cultura foram monitorizados em várias plantações *de Jatropha* de 1 e 1½ anos durante um período de três anos, com início em janeiro - 2009. Juntamente com a produção de sementes, o crescimento físico da planta foi também avaliado em termos de altura da planta, ramificação, floração, etc., em diferentes plantações, em função de vários parâmetros como a água, os nutrientes, a poda, o espaçamento e as condições do solo.

Foram efectuadas várias observações em diferentes ensaios, tais como a poda e o sistema de cultivo (monocultura e cerca viva), o espaçamento entre plantas, o modo de rega e a aplicação de fertilizantes.

Foram selecionadas sete plantações naturais de *Jatropha* em 4 mandatos do distrito de Krishna, nomeadamente Mylavaram, Agiripalli, G.Konduru e Nandigama. Além disso, foi também mantido um local de controlo em Chandarlapadu mandal para comparar o crescimento.

As amostras de solo foram recolhidas a diferentes profundidades, ou seja, abaixo de 6 cm e 1215 cm, a intervalos constantes, utilizando o método do quarteto. Foram sistematicamente analisadas em laboratório utilizando técnicas normalizadas para o pH e NPK.

Foram selecionadas sementes de tamanho uniforme, não enrugadas e sem sintomas de doença, que foram embebidas durante 24 horas em água da torneira e semeadas em cada saco de polietileno a 6 cm de profundidade. As plântulas germinadas foram mantidas no saco plástico até um ano e depois transplantadas para as covas de 30×30×30cm, cheias de estrume e comprimidos de VAM (um comprimido/planta). Foram mantidas diferentes condições em termos de espaçamento, nutrientes, modo de rega, etc. em todas as estações de campo. Foram estudados vários parâmetros. Os dados recolhidos foram apresentados como valores médios para todos os aspectos do estudo. Foi efectuada uma comparação entre todos os locais de estudo para cada parâmetro.

Das sete estações de campo selecionadas, quatro tinham *Jatropha* como plantação em bloco (monocultura), a saber, Mylavaram, Rajavaram, Nandigama e Chandarlapadu, e nas restantes quatro estações, Kuntamukkala, Morusumilli, Pulluru e Nekkalam, era cultivada como cultura de fronteira (cerca). Os solos predominantes nas diferentes estações de campo eram diferentes: vermelho, algodão preto e cascalho preto. Os solos vermelhos estavam presentes nas estações de Mylavaram, Kuntamukkala e Rajavaram. Os solos pretos de algodão predominavam nas estações de Morusumilli, Pulluru e Nekkalam, enquanto os solos pretos de cascalho estavam presentes nas outras duas estações de campo, nomeadamente Nandigama e Chandarlapadu. Foram mantidos diferentes espaçamentos entre as plantas em diferentes estações de estudo, como 3x3m, 2x2m, 1x1m e 1,5x1,5m em plantações em bloco e distâncias de 3m e 2m em diferentes plantações de fronteira.

A rega foi feita de diferentes modos para diferentes plantações. As principais fontes foram poços, canais de irrigação e irrigação por gotejamento. O abastecimento de água foi feito através de canais de irrigação em Morusumilli, Pulluru e Mylavaram, enquanto Rajavaram e Nekkalam eram plantações alimentadas pela chuva e não havia outro modo específico de irrigação. A irrigação por gotejamento foi fornecida para os outros três locais viz., Kuntamukkala, Nandigama e Chandarlapadu. Nas parcelas irrigadas por gotejamento, a água foi fornecida em dias alternados no inverno e regularmente durante o verão, enquanto que para as plantações irrigadas por poço, a rega foi feita com um intervalo de 15 dias no verão e um mês durante o resto do ano.

Gesso foi adicionado em Nandigama e Chandarlapadu @60kg/ha. Além disso, NPK e Super Fosfato foram adicionados em intervalos de 6 meses à plantação de Chandarlapadu (local de controlo) @ 60 Kg/ha e 150 Kg/ha respetivamente para estudar o impacto dos nutrientes no crescimento, floração, frutificação e produção de sementes (rendimento). Nem o estrume nem os nutrientes foram suplementados externamente para as restantes estações de campo.

A poda foi efectuada para reforçar o caule principal e também para aumentar o número de ramos por planta. As diferentes estações de campo foram podadas em alturas diferentes. Todas as estações foram podadas uma vez, exceto o local de controlo (local de Chandarlapadu), que foi podado duas vezes. A poda foi efectuada em Mylavaram, em setembro de 2010, em Kuntamukkala, em julho de 2010, em Morusumilli e Pulluru, em fevereiro de 2010, em Rajavaram e Nekkalam, em novembro de 2009, e em Nandigama, em outubro de 2009. A plantação de Chandarlapadu foi podada duas vezes, em outubro de 2009 e novembro de 2010.

As alterações das variáveis no crescimento da fábrica foram registadas regularmente. Foram feitas observações trimestrais de janeiro de 2009 a outubro de 2011, selecionando uma amostra aleatória. Os dados de 10 plantas selecionadas por acre de cada local foram convertidos num valor médio.

O crescimento físico da planta foi medido através da contagem do número de ramos, da altura da planta em pés e da circunferência em polegadas. A percentagem de floração e frutificação foi também estimada em relação ao total de plantas. O rendimento da planta foi medido em termos de produção de sementes secas (kg/planta) e expresso em termos de percentagem.

Foram medidos o peso seco dos frutos, o revestimento dos frutos, as sementes e o comprimento das sementes. A relação entre a casca do fruto e a semente também foi observada. O crescimento de ***J. curcas*** em várias plantações foi comparado por ANOVA. Foi efectuada uma comparação para a floração, frutificação e produção de sementes através da aplicação do teste ANOVA.

O crescimento físico da planta, em termos de altura, perímetro e número de ramos, foi apoiado pelos solos de gravilha preta, seguidos pelos solos de algodão preto, enquanto os solos vermelhos se revelaram menos favoráveis do que os solos de gravilha preta e de algodão preto. Entre as três plantações de solos de algodão preto, a plantação de Nekkalam apresentou os resultados mais baixos em termos de crescimento físico. Verificou-se que os solos rochosos não favorecem o crescimento, uma vez que, nos solos vermelhos, a parte rochosa da plantação de Kuntamukkala apresentou resultados inferiores aos da parte não rochosa da plantação. Não só o crescimento físico, mas também a floração, a frutificação e a produção de sementes foram registados ao máximo entre as estações de campo nos solos de cascalho preto.

O solo em todas as sete estações de campo estava próximo do valor neutro e ligeiramente alcalino na natureza. É evidente que mesmo uma diferença estreita de 0,64 (7,5 a 8,14) mostrou um aumento do crescimento com o aumento do pH, mas não pôde mostrar qualquer tendência distinta de aumento ou diminuição do rendimento com a mudança de pH. No caso da floração, frutificação e produção de sementes, não foi possível observar uma tendência distinta, uma vez que não houve uma sequência específica no aumento ou diminuição da fenologia com o aumento do pH. No entanto, os resultados máximos foram obtidos a pH-8,14

Não foi encontrada uma tendência específica de variação com o aumento ou diminuição do espaçamento. Foram observadas variações entre diferentes locais no mesmo espaçamento e o espaçamento por si só tem influência limitada sobre o crescimento. É evidente que 2x2m é ideal para a plantação em bloco e, com a fertilização, o mesmo crescimento foi observado nos espaçamentos 1x1m e 1,5x1,5m. O espaçamento não tem muita influência no rendimento das plantações de fronteira a 3m e 2m de distância. Foi identificado um maior número de ramos em plantações com espaçamento de 3m quando comparado com 2m. A altura e a circunferência também foram maiores no espaçamento de 3m, mas os resultados fenológicos não mostraram tal variação porque foram obtidos resultados semelhantes em ambos os espaçamentos. Considerando todos os parâmetros, ficou provado que o espaçamento tem uma influência limitada no crescimento da planta e na produção de sementes. Verifica-se que para o cultivo *de Jatropha* como monocultura, o espaçamento ideal é 1x1m com a fertilização e 2x2m sem fertilização.

Observou-se que, após a poda, o número de ramos aumentou e a floração também foi induzida. Os resultados revelaram que a poda do tronco principal permite obter uma maior produtividade e rentabilidade, para obter uma ramificação abundante e um rendimento mais elevado. Devido ao aumento do número de ramos, a percentagem de floração, a frutificação e a produção de sementes também aumentaram.

Com base nas observações feitas neste estudo, a irrigação por gotejamento foi provada ser mais favorável ao crescimento, em comparação com a irrigação e o poço, uma vez que o mínimo de água pode ser disponibilizado regularmente nos sites irrigados por gotejamento. Outra vantagem da irrigação por gotejamento é que não haverá desperdício de água. Assim, a humidade do solo pode ser gerida de forma uniforme, o que ajuda o crescimento da planta. No lote de Kuntamukkala, o crescimento foi menos relatado comparativamente, embora seja um lote irrigado por gotejamento por causa da superfície rochosa e da sombra.

Além do número de ramos, a altura e a circunferência da planta (a 1 pé do chão) também foram relatadas como máximas nas parcelas irrigadas por gotejamento, seguidas pelas parcelas irrigadas por poço. A disponibilidade uniforme e regular da água pode ser a razão para este crescimento nestas plantações. A menor porcentagem de crescimento foi observada nas plantações alimentadas pela chuva, onde não havia disponibilidade uniforme de água, mas a floração e a produção foram registradas um pouco mais altas do que as plantações irrigadas por poço

A disponibilidade de humidade na atmosfera e a disponibilidade de água através da precipitação durante a época de floração podem ser as razões para a melhor floração e frutificação em Nekkalam e Rajavaram, apesar de serem plantações alimentadas pela chuva. O efeito da podridão radicular e a disponibilidade irregular de água e nutrientes no solo foram as razões para a baixa floração nas plantações de Morusumilli e Pulluru.

Os resultados mostraram que a planta pode sobreviver sem suplementação regular de água, mas o crescimento físico, bem como a produção de sementes, foram influenciados pela disponibilidade de água. Ficou provado que a disponibilidade regular e contínua de água resultou na produção máxima de sementes. Para o cultivo *de Jatropha* em grande escala para fins de produção de óleo, é necessária uma adaptação da suplementação regular de água.

Dos três locais irrigados por gotejamento, o maior número de sementes por 1000 frutos foi registrado em dois locais irrigados por gotejamento, Chandarlapadu e Nandigama com 2550 e 2430, seguidos por duas plantações alimentadas pela chuva, Rajavaram e Nekkalam com 2400 e 2100. O outro local irrigado por gotejamento viz, Kuntamukkala mostrou uma ligeira diminuição em 2022 devido à superfície rochosa. Menor número de sementes foi observado nas parcelas irrigadas por poço, Morusumilli, Pulluru e Mylavaram, 1960, 1972 e 1760. Tendência semelhante foi observada no caso do peso seco do fruto e da semente. A suplementação de nutrientes também contribuiu para a melhor qualidade dos frutos em termos de maior número de sementes/1000 frutos, peso seco de frutos e sementes no sítio de Chandarlapadu.

Observou-se que a ramificação e a altura da planta diminuíram em parcelas de alta densidade (1×1m, 1.5×1.5m) nos estágios iniciais devido a espaçamentos mínimos, mas em contraste com isso, mais percentagem de rendimento foi relatada quando comparada com parcelas de 2×2m, 3×3m no final do estudo (Out-2011). No final do período de estudo, o crescimento físico, bem como a produção de sementes secas, foram registados mais na parcela de alta densidade em Chandarlapadu (1×1m, 1,5×1,5m) quando comparados com as parcelas de 2×2m, 3×3m. A aplicação de nutrientes resultou num melhor rendimento no local de controlo. Relativamente aos efeitos da aplicação de fertilizantes, os resultados indicaram que o pinhão manso sem fertilização apresentou diferenças altamente significativas no crescimento, com os valores médios mais baixos de diâmetro do tronco, altura da planta e número de ramos por planta.

Os maiores valores médios de circunferência, altura da planta e número de ramos por planta foram encontrados no pinhão manso fertilizado com adubação de esterco. Além disso, a produção de sementes foi duplicada nos solos suplementados com nutrientes quando comparados com os solos sem fertilizantes. Isto mostra claramente que os nutrientes são necessários para aumentar a percentagem de floração e, assim, a produção final de sementes em *Jatropha*.

A análise de variância mostrou um valor F tabular mais elevado (2,219) do que o valor calculado (1,505) ao nível de significância de 0,05.

Não foram encontradas diferenças significativas na percentagem de floração entre as estações de campo. Os valores calculados são mais altos do que os valores F tabulares para frutificação e produção de sementes nos resultados do teste ANOVA e foram encontradas diferenças significativas entre as estações de campo. Isto significa que a floração não foi muito influenciada, enquanto a frutificação e a produção de sementes foram influenciadas por outros parâmetros em várias estações de campo.

Os resultados indicam que *a Jatropha* curcas L. tem potencialidades promissoras para desempenhar um papel decisivo no cenário da bioenergia na Índia, através da aplicação de medidas de conservação da humidade do solo e de técnicas de gestão dos nutrientes.

Com base nestes resultados, concluiu-se que *a jatrofa* oferece oportunidades de redução do consumo de energia não renovável e das emissões de gases com efeito de estufa. *A Jatropha* pode também contribuir para o desenvolvimento socioeconómico. No entanto, existem também riscos, como a inconsistência na produção de sementes sem nutrientes e água e também a viabilidade económica do biocombustível, etc. Na nossa visão, a produção local de óleo *de Jatropha* (para utilização local em tractores e

bombas de irrigação) em sistemas de pequena escala ou agroflorestais reduz os riscos económicos e ambientais do agricultor e da sociedade. Por conseguinte, recomenda-se investigação futura sobre a otimização do cultivo *da Jatropha*'s e o seu potencial agroflorestal.

As conclusões do presente estudo foram mencionadas a seguir:

- Não foi possível prever os rendimentos com qualquer grau de exatidão. *A Jatropha* teve um bom desempenho num local, mas falhou noutro. Em muitos casos, o rendimento registado é inferior à média.

- Pode ser plantada em solos degradados através da Gestão Florestal Conjunta (GFC), nos limites dos campos dos agricultores, nas bermas das estradas, nas margens das linhas de caminho de ferro e em terras de pousio.
- A irrigação por gotejamento provou ser eficiente e a fertirrigação por gotejamento ajuda a minimizar a perda de água e nutrientes, permitindo a suplementação eficaz de nutrientes através da água.

A investigação sobre a genética e a cultura da *Jatropha* tem de ser prosseguida nos próximos dias nos seguintes domínios

(i) Domesticação - resposta do crescimento e da produção aos factores de produção (irrigação, poda, espaçamento e fertilizantes)

(ii) Produção estável e ecologia da regeneração (polinizadores, relação flor-sexo e limitação do pólen)

(iii) A floração sincronizada e a maturação sincronizada podem ser desejáveis para reduzir o consumo de mão de obra na colheita.

(iv) Resistência a pragas e doenças.

6.2. Conclusões retiradas do estudo:

- Observa-se uma grande variabilidade entre as plantas do mesmo campo sob as mesmas condições ambientais.
- Em clima ideal, boa fertilidade do solo e aplicação de alguns produtos químicos O rendimento relatado é de cerca de 800 Kg de sementes secas / ha, mas em alguns solos é relatado um baixo rendimento, ou seja, <250 Kg / ha, ou seja, 51,2% e 10,2%.
- Nalgumas condições de solo, *a Jatropha* tem apresentado maus resultados (zonas alagadas, solos rochosos, etc.)
- O tamanho da copa determina o número de ramos floridos e é, por sua

vez, influenciado pela poda.

- *O pinhão-manso* responde bem à aplicação de fertilização em condições de solo pobres com precipitação média.
- Não foi possível prever os rendimentos com qualquer grau de exatidão. *A Jatropha* teve um bom desempenho num local, mas falhou noutro. Em muitos casos, o rendimento registado é inferior à média.
- A variação entre plantas é ainda considerável. A maturidade tem sido incerta e também são registados casos de maturidade ao quinto ano.
- Parece ser adequado como uma cultura de fronteira em vez de plantações em grande escala.
- Pode ser plantada em solos degradados através da Gestão Florestal Conjunta (GFC), nos limites dos campos dos agricultores, nas bermas das estradas, nas margens das linhas de caminho de ferro e em terras de pousio.
- A irrigação por gotejamento provou ser eficiente e a fertirrigação por gotejamento ajuda a minimizar a perda de água e nutrientes, permitindo a suplementação efetiva de nutrientes através da água.
- A eficiência da extração de óleo e os seus efeitos ambientais ainda não foram observados para várias misturas.
  - Estão a ser elaboradas normas relativas às sementes para incluir *a Jatropha* curcas na lei das sementes, de modo a que a aplicação da lei das sementes possa ser eficaz para garantir a qualidade das plantações.
  - O Preço Mínimo de Apoio (MSP) do biodiesel foi declarado e é suscetível de ser revisto, mas o MSP das sementes ainda não foi finalizado.

É necessária mais investigação nos próximos dias, centrada nos seguintes domínios:

- Melhoria do desempenho de crescimento de ***J. curcas*** em solos pretos e vermelhos

- Manutenção da humidade do solo e dos nutrientes nos locais de necessidade, adoptando as técnicas de gestão da zona radicular (RZM).

- Estabelecimento das eficiências de absorção das plantas a diferentes distâncias do tronco e a diferentes profundidades, utilizando medidas de conservação da humidade do solo (SMC).

- Desenvolver um plano de ação adequado para encorajar os gestores agrícolas a optarem por plantações em grande escala de ***Jatropha*** de forma rentável.

- Melhorar o desempenho do crescimento de *J.curcas* em solos de diferentes tipos, adoptando medidas de gestão da zona radicular (RZM) e de conservação da humidade do solo (SMC), (adoptando uma estratégia multifacetada de suplementação de nutrientes, tais como NPK, necessidades de água).

- Descobrir os remédios para superar as doenças microbianas e assim melhorar o rendimento.

- Analisar a eficiência do biodiesel como alternativa ao combustível convencional. A investigação sobre a genética e o cultivo da *Jatropha* tem de ser prosseguida nos próximos dias nas seguintes áreas:

- v) Domesticação - resposta do crescimento e da produção aos factores de produção (irrigação, poda, espaçamento e fertilizantes)

- vi) Produção estável e ecologia da regeneração (polinizadores, relação flor-sexo e limitação polínica)

- vii) Elevado teor de óleo nas sementes
- viii) A floração sincronizada e a maturação sincronizada podem ser desejáveis para reduzir a mão de obra na colheita.
- ix) Resistência a pragas e doenças.

A investigação no domínio da genética e do cultivo aumentará a eficiência da produção e, por conseguinte, reduzirá os impactos ambientais do ciclo de vida, proporcionando margem para mais investigação sobre o potencial biotecnológico da *Jatropha*, incluindo a forma de otimizar a utilização dos subprodutos da *Jatropha* e o potencial de desintoxicação do bagaço de sementes para a alimentação animal, bem como a extração de componentes activos úteis em produtos farmacêuticos ou em herbicidas e insecticidas.

No que respeita ao balanço hídrico, é importante que a disponibilidade de água seja regular e contínua para aumentar o rendimento. A recolha de água da chuva e a irrigação gota a gota parecem ser económicas e também úteis. Mais pesquisas hidrológicas são essenciais nos próximos dias nesta área, pois a disponibilidade de água é um fator limitante para o crescimento de J curcas.

A Jatropha não conseguiu satisfazer as expectativas das pessoas envolvidas no programa *Jatropha* no sul da Índia. 85% dos agricultores entrevistados interromperam o cultivo da *Jatropha* devido ao seu fraco desempenho. A produção de biodiesel de Jatropha foi defendida com base na ideia de que *a Jatropha* podia ser cultivada em terras degradadas ou estéreis, que a procura de factores de produção era baixa e que a cultura era resistente à seca e às pragas. As experiências no terreno mostram que *a Jatropha* não conseguiu sobreviver e/ou crescer em solos pobres e que a maioria dos agricultores plantou *Jatropha* em terras agrícolas. As plantações não conseguiram dar o rendimento esperado em zonas de seca, tendo-se registado ataques de pragas em vários casos. Os agricultores constataram que a cultura necessita de factores de produção para sobreviver e crescer e utilizaram irrigação, fertilizantes, estrume e pesticidas. Mesmo quando plantada em terra fértil e com insumos, *a Jatropha* não produziu uma colheita ou então não produziu um rendimento suficiente.

Os impactos socioeconómicos positivos esperados da aplicação do programa *Jatropha* não se concretizaram. Em vez de obterem rendimentos adicionais com as plantações *de Jatropha*, os agricultores sofreram perdas financeiras e reduziram os seus rendimentos. Foram criadas algumas oportunidades de emprego na fase inicial do cultivo, aquando da preparação da terra e da plantação, mas o sistema de produção *de Jatropha* não gerou tantas oportunidades de emprego como se estimava.

No entanto, com um melhor planeamento e implementação, as graves consequências e perdas financeiras para os agricultores poderiam ter sido evitadas. Uma vez que os estudos precisos sobre o pinhão manso (*Jatropha* curcas L.) são ainda limitados e que deveria haver mais programas de investigação sobre a plantação de pinhão manso em diferentes áreas com várias escalas e condições, a fim de encontrar as técnicas adequadas, a revisão da literatura mostrou que os rendimentos aumentam com as plantas maduras.

O pinhão manso, no entanto, está alegadamente bem adaptado a solos marginais com baixos teores de nutrientes, mas de acordo com os resultados do presente estudo, a plantação de pinhão manso deve ser conduzida com uma fertilização adequada e uma gestão correta.

Uma vez que a produção de sementes de pinhão manso não é projectada com precisão, recomenda-se que a plantação de pinhão manso seja praticada em terrenos baldios e/ou terrenos marginais onde a propriedade da terra não é utilizada para a produção de culturas alimentares e/ou de culturas de emergência.

Recomenda-se também que a cobertura vegetal com resíduos agrícolas (por exemplo, palha de arroz, casca de arroz) e/ou a consociação de culturas de cobertura (por exemplo, culturas de leguminosas) sejam praticadas no campo de plantação de pinhão manso.

REFERÊNCIAS

ACHTEN, W.M.J., Almeida, J., Vandenbempt, P., Bolle, E., Fobelets, V., Singh, V.P., Verchot, L., Matijs, E. e Muys, B. 2010. Avaliações do ciclo de vida dos biodieseis: *Jatropha* versus óleo de palma . In: Actas da 7ª Conferência Internacional sobre ACV no Setor Agro-Alimentar. 7ª Conferência Internacional sobre ACV no Setor Agro-Alimentar, Bari, Suíça, 22-24 de setembro de 2010.

Achten, W.M.J. 2010. Sustainability evaluation of biodiesel from *Jatropha* curcas L., Katholieke Universiteit Leuven, Groep Wetenschap & Technologie, Arenberg Doctoraatsschool, W. de Croylaan 6, 3001 Heverlee, Belgic<

Achten, W.M.J., Nielsen, L.R., Aerts, R., Lengkeek, A.G., Kjaer, E.D., Trabucco, A., Hansen, J.K., Maes, W.H., Graudal, L., Akinnifesi, F.K. e Muys, B. 2010d. Rumo à domesticação de *Jatropha* curcas . Biocombustíveis 1, 91-107.

Adriaans, T., Jongh, J.D., Moers, P. e W. Rijssenbeek: 2006, 'Handbook on *Jatropha* Curcas'. Relatório técnico, Fundação FACT.

Agoramoorthy, G., Hsu, M.J., Chaudhary, S. e Shieh, P. 2009. Can biofuel crops alleviate tribal poverty in India's drylands? Applied Energy 86, S118-S124.

Aker, C.L. 1997. Crescimento e reprodução de J. curcas , in: Biofuels and industrial products from *Jatropha* curcas - Proceedings from the Symposium " *Jatropha* 97", Managua, Nicaragua, Feb. 23- 27, 1997, 2-18.

Aregheore, E.M, Becker, K. e Makkar, H.P.S. 2003. Desintoxicação de uma variedade tóxica de *Jatropha* curcas através de tratamentos térmicos e químicos, e avaliação nutricional preliminar com ratos. S. Pac. J. Nat. Sci., 21: 50-56.

Azam, M.M., Waris, A e Nahar, N.M. 2005. Prospects and potential of fatty acid methyl esters of some non-traditional seed oils for use as biodiesel in India (Perspectivas e potencial dos ésteres metílicos de ácidos gordos de alguns óleos de sementes não tradicionais para utilização como biodiesel na Índia). Biomass and Bioenergy, 29: 293-302.

Barua, P.K. 2011, Revista Internacional de Energia, Informação e Comunicações, Vol. 2 (1), pp.53-65.

Becker, K.1996. Efeito de diferentes tratamentos no nível de toxinas na farinha *de Jatropha* curcas e efeito da alimentação no crescimento de peixes (carpas), ratos e galinhas. Um relatório. Institute for Animal Production in the Tropics and Subtropics 480: 27 Universidade de Hohenheim, Estugarda, Alemanha(kbecker@uni-hohenheim.de).

Behera, S.K.P., Srivastava, P. Tripathi, R., Singh, J.P. e Singh, N. 2009: Avaliação do desempenho da planta de *Jatropha* curcas L. sob diferentes práticas agrícolas para otimizar a biomassa - Um estudo de caso. Biomassa e Bioenergia 34: 30-41.

Bhattacharya, A., Datta, K. e Datta, S.K. 2005. Floral biology floral resource constraints and pollination limitations in *Jatropha* curcas L. Pakistan Journal of Biological Sciences 8: 456-460.

Biswas, S., Kaushik, N. e Srikanth, G. 2006. Biodiesel: tecnologia e oportunidades de negócio - uma visão, em: Proceedings of the biodiesel conference towards energy independance - Focus of *Jatropha* , Hyderabad, India, June 9-10, 2006, 303-330.

Brittaine, R. e Lutaladio, N. 2010 *Jatropha*: A Smallholder Bioenergy Crop - The potential for Pro- Poor Development. Gestão Integrada das Culturas, vol. 8

Carvalho I D, 2007. editor , *A Energia da Cana-de-Açúcar - Doze estudos sobre a agroindustria da cana-de-acucar no Brasil e a sua sustentabilidade* (Segunda ed.). Berlendis & Vertecchia, São Paulo: UNICA - União da Agroindústria Canavieira do Estado de São Paulo. CDD-338.173610981. Recuperado em 2009-03-09.

Chaudhary, D., Patolia, J., Ghosh,A., Chikara, J., Boricha, G. e Zala, A. 2007, 'Changes in soil characteristics and foliage nutrient content in *Jatropha* curcas plantation in relation to stand density in Indian wasteland'. In:FACT seminar on *Jatropha* curcas L. agronomy and genetics.

Chikara, J., Ghosh, A., Patolia, J.S., Chaudhary, D.R. e Zala, A. 2007. Productivity of *Jatropha* curcas under differnt spacing, em: Seminário FACT sobre agronomia e genética *de Jatropha* curcas L., Wageningen, Países Baixos, 26-28 de março de 2007, Artigo número 9.

Consoli, R.A.G.V., Mendes, N.M., Pereira, J.P., Santosh, V.S. e Lemounier, M.A. 1989. Influência de vários extractos de plantas no comportamento de oviposição de Aedis fluviatilis (Lutz) em laboratório. Memorias-Do- Instituto-Oswaldo-Cruz, 84(1): 47-52.

Dagar, J.C., Tomar, O.S., Kumar,Y., Bhagwan, H., Yadavandr, K. e Tyagi, N. K. 2006.Performance de algumas culturas pouco exploradas sob irrigação salina em clima semiárido no Noroeste da Índia. Land Degradation development.17, 285-299.

Dalziel, J.M. 1955. The Useful Plants of West-Tropical Africa (As Plantas Úteis da África Tropical Ocidental). Crown Agents for Oversea Governments and Administration, Londres, p. 147.

Dehgan, B. 1984. Phylogenetic significance of interspecific hybridization in *Jatropha* (Euphorbiaceae). Systematic Botany 9, 467-478.

Dehgan, B. e Webster G L, 1979: Morphology and Infrageneric relationships of the Genus *Jatropha* (Euphorbiaceae). Universidade da Califórnia. Botânica, 74.

Delgado, M.J.L. e Tejeda, P.E. 1989. Potenciais culturas agroflorestais polivalentes identificadas para os trópicos mexicanos. In: Wickens, GE, Haq, N, Day P (Eds.), New Crops for Food and Industry. Chapman and Hall, Londres, pp. 166-173.

Departamento de Agricultura, Cenário de Precipitação 2009. http://agri.ap.nic.in/rainfallsenari o. htm (2010.05.20).

Duke, J.A. 1985. Plantas medicinais. Sci., 229: 1036

Duke, J.A. 1988. CRC Handbook of Medicinal Herbs. CRC Press, Boca Raton, FL, pp. 253-254.

Efeoglu, B., Ekmekci, Y. e Cicek, N. 2009. Resposta fisiológica de três cultivares de milho ao stress hídrico e à recuperação. S Afr J Bot 75:34-42.

Euler, H. e Gorriz, D. 2004. Case study " *Jatropha* Curcas ", Global Facilitation Unit for Underutilized Species e Deutsche Gesellschaft fur Technische Zusammenarbeit, Frankfurt.

Fundação FACT, 2009. Manual de *Jatropha*. Fundação FACT, Eindhoven. http://tinyurl.com/mttvrn.

Fundação Fact, 2009a. The *Jatropha* Handbook capítulo 1: Dados Gerais. http://www.fact-foundation.com/en/Knowledge_and_Expertise/Handbooks (2010.05.19)

Fundação Fact. 2009b The *Jatropha* Handbook chapter 2: Plantation Establishment & Management. http://www.fact-foundation.com/en/Knowledge e Expertise/

Manuais (2010.05.19)

Fairless, D. 2007. Biofuel: the little shrub that could - maybe. Nature 449, 652-655.

Foidl, N., Foidl, G., Sanchez, M., Mittelbach, M. e Hackel, S. 1996, ' *Jatropha* Curcas L. as a source for the production of biofuel in Nicaragua'.Bioresource Technology 58, 77-82.

Organização das Nações Unidas para a Alimentação e a Agricultura, 2008. O estado da alimentação e da agricultura - Biocombustíveis: perspectivas, riscos e oportunidades FAO:http://www.fao.org /WAICENT/FAOINFO/AGRICULT/AGP/AGPC/doc/Counprof/Madagascar/madagasca reng.htm, acedido em 15.04.2008.

Francis, G. e Becker, K. 2004. *Jatropha* biodiesel from eroded land-potential for multiple benefits in Madagascar, Antananarivo, Dec.2004

Francis, G., Edinger, R. e Becker, K. 2005. A concept for simultaneous waste land recovery, fuel production, and socio-economic development in degraded areas in India: need, potential and perspectives of *Jatropha* plantations. Natural Resources Forum 29, 12-24.

Gamble, J.S. Flora of the presidency of Madras. Bishen Singh Mahendra Paul Singh Publishers, Dehradun- 248001, Índia, 2008. Vol-II. P: 1339-1340.

Gerbens-Leenes, W., Hoekstra, A. Y., Meer V.D.T. H. 2009. The water footprint of bioenergy (A pegada hídrica da bioenergia). PNAS, vol. 106, no. 25. http://www.pnas.org/content/106/35/E92.full

Alemanha e Instituto Internacional de Recursos Fitogenéticos, Roma, Itália. http://tinyurl.com/cg2pw8.

GEXSI. 2008. Global market study on *Jatropha* - relatório final. GEXSI

LLP, Berlim, Alemanha. http://tinyurl.com/cnyn44.

Ghosh, A., Chakara, J., Chaudhary, D.R., Prakash, A.R., Boricha, G. e Zala A, 2010.Paclobutrazol detém o crescimento vegetativo e revela potencial de rendimento não expresso de *Jatropha* curcas. Jornal de regulação do crescimento das plantas, 29, 307-315.

Ginwal, H.S., Rawat, P.S. e Srivastava, R.L. 2004. Seed source variation in growth performance and oil yield of *Jatropha* curcas Linn. in Central India. Silvae Genetica 53, 186-192.

Gosh, L. e Singh, L. 2007. Variação na resposta de enraizamento em estacas de *Jatropha* curcas L., em: Seminário nacional sobre "*Jatropha* cultivation and Bio-diesel production", Allahabad, Índia, 27-28 de janeiro de 2007,

Goswami, A. 2006. Long-run Marginal-cost-based Economic Evaluation of Bio-diesel Production from *Jatropha*. Em *Biofuels: Towards a Greener and Secure Energy Future*, editado por P.P. Bhojvaid, 207-219. Nova Deli, Índia: Teri

Gour, V.K. 2006. Práticas de produção, incluindo a gestão pós-colheita de *Jatropha* curcas, em: Proceedings of the biodiesel conference towards energy independance - Focus of *Jatropha* , Hyderabad, India, June 9-10, 2006, 223-251.

Governo da Índia, Wasteland atlas of India, 2010, Ministério do Desenvolvimento Rural, Departamento de Recursos Terrestres, Nova Deli, Índia. URL: www.dolr.nic.in/wasteland atlas.htm.

Grainge, M. e Ahmed, S. 1988. Handbook of Plants with Pest-control Properties (Manual de plantas com propriedades de controlo de pragas), Wiley-Interscience, Nova Iorque.

Gubitz, M., Mittelbach, M. e Trabi, M. 1997. Biocombustíveis e produtos industriais de *Jatropha* curcas . Actas de um Simpósio realizado em Manágua, Nicarágua (Eds).

Gubitz, G.M., Mittelbach, M. e Trabi, M. 1999. Exploitation of the tropical oil seed plant *Jatropha* curcas L. Bioresource Technology 67, 73-82.

Gunstone, F.D. 1994. A química dos óleos e gorduras: Sources, composition properties and uses. Londres: Blackwell Publishing Ltd.

Helena, S., Costa, J.M, Lourenco, T., Maroco, J., Linde, P.V.D. e Oliveira, M.M.

2013, Elsevier, Environmental and Experimental Botany 85 (2013)76-84.

Heller, J. 1996. Pinhão-manso - *Jatropha* curcas L. - Promoção da conservação e utilização de culturas subutilizadas e negligenciadas. Dissertação de doutoramento Instituto de Investigação em Genética Vegetal e Plantas Cultivadas, Gatersleben, Alemanha & Instituto Internacional de Recursos Genéticos Vegetais, Roma, Itália. http://tinyurl.com/cg2pw8.

Henning, R., 1998. Use of *Jatropha* curcas: A household perspective and its contribution to rural employment creation. Apresentado no Workshop Regional sobre o Potencial da *Jatropha* Curcas no Desenvolvimento Rural e Proteção Ambiental", Zimbabué, maio de 1998 . http://Jatropha.org/harare98.htm (2007/12/05)

Henning, R.K. 2000. The *Jatropha* Booklet - A guide to the *Jatropha* system and its dissemination in Zambia. Bagani GbR, Weissensberg.

Henning, R.K., 2007. Identification, selection and multiplication of high yielding *Jatropha* curcas L. plants and economic key points for viable *Jatropha* oil production", Sept.2007.

Hofelena, L.T. e Martinez, C.P. 2008. Livro Geral de PNL (Tese 662.669 H 673f 2008).

Índia, 2003. Relatório do comité sobre o desenvolvimento de biocombustíveis. Comissão de Planeamento, Governo da Índia, Nova Deli, Índia. http://tinyurl.com/qtn4sz.

Jain, C. e Trivedi, P.C.1997. Atividade nematicida de certas plantas contra o nemátodo das galhas, Meloidogyne incognita, que infecta o grão-de-bico. Annals of Plant Protect. Sci., 5: 171-4.

Jepsen, Jacob,K., Henning, R.K. e Nayathi. 2004. Propagação generativa de *Jatropha* curcas L. na areia do Kalahari. Ambiente África.

Jingura, R.M. e Raphael, M. 2011, *Biomass and Bioenergy* vol. 35 (5), pp. 21272132.

Jingura, R.M., Matengaifa, R., Musademba, D. e Musiyiwa, K. 2011, Characterisation of land types and agro-ecological conditions for production of *Jatropha* as a feedstock for biofuels in Zimbabwe, Biomass and Bioenergy, 35, 2080-2086.

Jones, N. e Miller, J.H. 1991. *Jatropha* curcas : Uma espécie polivalente para sítios problemáticos. Land Resour. Ser., 1: 1-12.

Jongschaap, R.E.E., 2008, A-Z of *Jatropha* curcas, Seminário FACT sobre agronomia e genética *de Jatropha* curcas L., Wageningen, Países Baixos, 26-28 de março de 2007.

Jongschaap, R.E.E., Corre, W.J., Bindraban, P.S. e Brandenburg, W.A. 2007. Claims and facts on *Jatropha* curcas L. Plant Research International B.V., Wageningen, Países Baixos.

Jongschaap, R.E.E. e Loo V. E.N. 2009, Fact sheet on 200 *Jatropha* curcas accessions from different regions in the world. Programa de Avaliação Global *de Jatropha* curcas (2006-2010), Plant Research International BV, Wageningen, Países Baixos.

Juillet, A., Suspllugas, J. e Courp, J. 1955. O sésamo, In: Oilseeds and cake, Biological Encyclopedia, The Knight, Paris, pp. 552-562.

Kannan, S.R. e Kannan, G.S. 2013, Influência de bioinoculantes nos parâmetros de crescimento de Jtropha curcas L., International Journal of Scientific Research, 2(8), P: 5-6.

Kaushik, N. 2006. Material de plantação de qualidade e normas de sementes em *Jatropha* curcas, em: Actas da conferência sobre biodiesel rumo à independência energética - Focus of *Jatropha* , Hyderabad, Índia, 9-10 de junho de 2006, 179-196.

Kaushik, N. e Kumar, S. 2004. *Jatropha* curcas L. Silvicultura e usos. Agrobios (Índia), Jodhpur.

Kaushik, N. e Kumar, S. 2006. *Jatropha* curcas L. silvicultura e utilizações. Agrobios, Jodhpur. Keeney, R. (2009). The indirect land use impacts of United States biofuel policies: The importance of acreage, yield, and bilateral trade responses. American Journal of Agricultural Economics 91, 895.

Kaushik, N., Kumar, K., Kumar, S., Kaushik, N. e Roy, S. 2007. Estudos de variabilidade genética e divergência em caraterísticas de sementes e teor de óleo de acessos *de Jatropha* (*Jatropha* curcas L.). Biomass & Bioenergy 31, 497-502.

Kheira, A.A.A. e Atta, N.M.M, 2009: Resposta de *Jatropha* curcas L. a défices hídricos: Rendimento, eficiência do uso da água e caraterísticas das sementes oleaginosas. Biomassa e Bioenergia 33, 1343- 1350.

Kumar, A. e Sharma, S. 2008. An evaluation of multipurpose oil seed crop for industrial uses: A Review. Indus Crops. Prod., 28: 1-10.

Kumar, S., Chaube, A. e Jain, S.K. 2010. Issues pertaining to substitution of diesel by *Jatropha* biodiesel in India (Questões relativas à substituição do gasóleo pelo biodiesel *de Jatropha* na Índia). J Environ Res Dev 4:877-884

Kumar, V., Makkar, H.P.S., Devappa, R.K. e Becker, K. 2011. Isolamento de fitato da farinha de amêndoa de Jatroha curcas e efeitos do fitato isolado no crescimento, fisiologia digestiva e alterações metabólicas na tilápia do Nilo (*Oreochromis niloticus* L.). Food and Chemical Toxicology, 49, 2144-2156.

Kumari, A. e Kumar, A. 2007. *Jatropha* curcas: high yielding accessions and improvement. Seminário de peritos em agronomia e genética *de Jatropha* curcas L., 26-28

março de 2007. Wageningen, Países Baixos. Publicado pela Fundação FACT.

Lapola, D.M., Priess, J.A. e Bondeau, A. 2009. Modelagem das necessidades de terra e da produtividade potencial da cana-de-açúcar e do *pinhão-manso* no Brasil e na Índia usando o modelo dinâmico de vegetação global LPJmL. Biomassa & Bioenergia 33, 1087-1095

Leduc, S., Nataraja, K., Dotzauer, E., McCallum, I. e Obersteiner, M. 2009. Otimização da produção de biodiesel na Índia. Applied Energy 86, S125-S131.

Lele, S., 2006. Biodiesel and *Jatropha* Plantation. Agrobios, Índia, pp: 328.

LOOS, T. 2009. Socio-economic Impacts of a *Jatropha-Project* on Smallholder Farmers in Mpanda, Tanzania Institute for Agricultural

Economics and Social Sciences in the Tropics and Subtropics Stutttgart-Hohenheim, Hohenheim 1- 157.

Maes, W.H., Trabucco, A., Achten, W.M.J. e Muys, B. 2009, Climatic growing conditions of *Jatropha* curcas L. Bioass bioenergy; 33(10): 1481-5.

Makkar, H.P.S. e Becker, K. 1997. Toxicidade *da Jatropha* curcas: identificação de princípio(s) tóxico(s). Actas do 5º Simpósio Internacional sobre Plantas Venenosas, San Angelo, Texas, EUA, p. 19-23.

Makkar, H.P.S. e Becker, K. 1998. Toxicidade *da Jatropha* curcas: Identificação do(s) princípio(s) tóxico(s), em: Garland, T., Barr, A.C. (Eds.), Toxic Plants and Other Natural Toxicants, CAB International, Nova Iorque, EUA, pp. 554-558.

Makkar, H.P.S. e Becker, K. 1999. Estudos nutricionais em ratos e peixes (carpa Cyprinus carpio) alimentados com dietas contendo farinha *de Jatropha* curcas não aquecida e aquecida de uma proveniência não tóxica. Plant Foods Hum. Nutr., 53: 183-102.

Makkar, H.P.S. e Becker, K. 2009. *Jatropha* curcas , uma cultura promissora para a produção de biodiesel e coprodutos de valor acrescentado. Jornal Europeu de Ciência e Tecnologia dos Lípidos 111, 773-787.

Makkar, H.P.S., Aderibigbe, A.O. e Becker, K. 1998a. Avaliação comparativa de variedades não tóxicas e tóxicas de *Jatropha* curcas quanto à composição química, digestibilidade, degradabilidade das proteínas e factores tóxicos. Food Chemistry 62, 207-215.

Makkar, H.P.S., Becker, K. e Schmook, B. 1998b. Proveniências comestíveis de *Jatropha* curcas do estado de Quintana Roo do México e efeito da torrefação nos factores antinutrientes e tóxicos das sementes. Alimentos vegetais para a nutrição humana 52, 31-36.

Mane, A.M. 2013. Óleo de Karanja como combustível alternativo para motor CI de injeção direta - A

Revista Revista Internacional de Ciência e Pesquisa (IJSR), Volume 2 Edição 10, outubro de 2013 www.ijsr.net

Marroquin, E.A., Bainco, J.A., Granados, S., Caceres, A. e Morales, C.

1997. Karanja Oil as an Alternative Fuel for Diret Injection CI Engine- A Review. Ensaio clínico do tratamento de verrugas comuns com sapina *de Jatropha* curcas. Fitoterapia, 68:160-162.

Martin, G. e Mayeux, A. 1984. Reflexões sobre as culturas oleaginosas como fontes de energia: 2. O óleo de curcas (*Jatropha* curcas): Um combustível possível. Oleagineux, 39(5): 283-287.

Martin, G. e Mayeux, A. 1985. Óleo de curcas (*Jatropha* curcas . L.): um combustível possível.

Agric. Trop., 9: 73-75.

Meshram, A.B, Kulkarni, N. e Joshi, K.C. 1994. Atividade antifeedante de certos produtos vegetais contra o esqueleto da teca, Eutectona machaeralis Walk. Ann. Entomol., 12: 5356.

Meteorological Centre, a report 2009-11, India Meteorological Department, Govt. of India, Hyderabad.

Mohapatra, S. e Panda, P.K. 2011. Notulae Scientia Biologicae, 3(1):95-100.

A aplicação de fertilizante N provou ser benéfica para a *Jatropha* em condições agroclimáticas tropicais num Tropaquept Aérico do leste da Índia.

Montobbio, P.A. e Lele, S. 2010. Plantações *de Jatropha* para biodiesel em Tamil Nadu, Índia: Viabilidade, trade-offs de meios de subsistência e conflito latente. Ecological Economics, 70, 189-195.

Montobbio, P.A., Lele, S.A., Kallis, G. e Alier, J.M. 2010. The political ecology of *Jatropha* plantations for biodiesel in Tamil Nadu, India, The Journal of Peasant Studies Vol. 37, No. 4, October 2010, 875-897.

Moreira, E.A. 1979. Progresso na análise sistemática de fitoquímicos. Tribuna Pharm. 47: 3-19.

Mujumdar, A.M. e Misar, A.V. 2004. Atividade anti-inflamatória das raízes *de Jatropha* curcas em ratos e ratazanas. J. Etnopharmacol, 90(1): 11-15

Munyao, M.C. 2013. Comparação da rentabilidade *da Jatropha* Curcas com culturas selecionadas no distrito de Yatta, Quénia, Journal of

Economics and Sustainable Development, 4(8), 2013. www.iiste.org.

Niu, G., Rodriguez, D., Mendoza, M., Jifon, J. e Girisha, G. 2012. Resposta de *Jatropha* curcas aos stresses de sal e seca, International Journal of Agronomy, Artigo Id-632026, P:7, http://dx.doi.org/10.1155/2012/632026

Openshaw, K. 2000, "A review of *Jatropha* Curcas: an oil plant of unfulfilled promise".Biomass andbioenergy 19, 1-15.

Ounchittikoun, Th. 2005. Pinhão-manso - a cultura energética para várias utilizações. Banguecoque:

VASIRA CO., LTD.

Ouwens, D.K., Francis, G., Franken, Y.J., Rijssenbek, W., Riedacker, A., Foidl, N., Jongschaap, R.E.E. e Bindraban, P.S. 2007. "Position Paper on *Jatropha* curcas. State of the Art, Small and Large Scale Project Development", Seminário de peritos sobre *Jatropha* curcas L. Agronomia e genética, publicado pela Fundação FACT, Wageningen, Países Baixos, 26-28.

Patolia, J.S., Ghosh, A., CHikara, J., Chaudhary, D.R., Parmar, D.R. e Bhuva, H.M. 2007. Response of *Jatropha* curcas grown on waste land to N and P fertilization, in: Seminário FACT sobre agronomia e genética *de Jatropha* curcas L., Wageningen, Países Baixos, 26-28 de março de 2007, Artigo número 34.

Peer A.V. 2010. Cultivo de *Jatropha03*, www.Jatropha.pro

Penjit, S., Anna, S., Isara, S., Niphon, V., Savitree, M., Kosol, Ch. e Wiboon, Ch. 2011. Bioenergy Technology, Congresso Mundial de Energias Renováveis 2011, Suécia, 8-13 de maio de 2011.

Comissão de Planeamento, 2003. Relatório do comité sobre o desenvolvimento de biocombustíveis, Governo da Índia. Disponível em http://planningcommission.nic.in/reports/ genrep/cmtt_bio.pdf . Acedido em 16

Pompelli, M.F., Orozco, A.J., Oliveira, M.T.O., Rodrigues, B.M., Barbosa, M.O., Santos, M.G., Oliveira, A.F.M. e Almeida-Cortez, J.S., 2011. Crise energética mundial e o papel do Brasil na problemática de biocombustiveis. Rev. Agron. Colomb. 29, 361371.

Prajapati, N.D. e Prajapati, T. 2005. A hand book of *Jatropha* curcas Linn. (physic nut). Jodhpur: Asian medical Plants & health Care Trust.

Prakash, A.R., Patolia, J.S., Chikara, J. e Boricha, G.N. 2007. Biologia floral e comportamento de floração de *Jatropha* curcas, em: Seminário FACT sobre agronomia e genética *de Jatropha* curcas L., Wageningen, Países Baixos, 26-28 de março de 2007, Artigo número 2.

Prakash, G.K. 2006. Propagação vegetativa de *Jatropha* curcas, Karanji e Mahua por estacas de caule, enxertia, brotamento e estratificação, Tese de Mestrado em Silvicultura, Departamento de Silvicultura da Universidade Agrícola Indira Gandhi, Raipur. Tese de Silvicultura, Departamento de Silvicultura, Universidade Agrícola Indira Gandhi, Raipur.

Pramanik, K. 2003, "Properties and Use of *Jatropha* Curcas Oil and Diesel Fuel Blends in Compression Ignition Engine", Renewable Energy.

Prasad, N.A. e Wegstein, M. 2011. Jornal do Instituto de Engenharia, Vol.8(1), pp.143-148.

Prayas. 2006. *Jatropha* in Horticulture Programme of Employment Guarantee Scheme - An assessment of small farmer's perspective. Pune: PRAYAS.

Gabinete de Informação à Imprensa, Governo da Índia, Política Nacional de Biocombustíveis anunciada Prueksakorn, K., Gheewala, S.H. (2006). Energy and greenhouse gas implications of biodiesel production from *Jatropha* curcas L. , in: Actas da 2ª Conferência Internacional Conjunta sobre "Sustainable Energy and Environments (SEE 2006)", Banguecoque, Tailândia, 21-23 de novembro de 2006,

Radich, A. 2004. "Biodiesel Performance Cost and Use, Energy Information

Administração,http://www.eia.doe.gov/oiaf/analysispaper/biodiesel/index.html, (2008/ 02/12)

Raina, A.K. e Gaikwad, B.R. 1987. Chemobotany of *Jatropha* species in India and further characterisation of curcas oil. Journal of oil technology of India 19, 81-85.

Rajore, S e Batra, A. 2003. *Jatropha* curcas L.: Uma planta de imenso valor potencial. J. of Eco and Taxon, Botany, 27(1) : 36-41.

Raju, A. J. S. e Ezradanam, V. 2002. Pollination ecology and fruiting behaviour in a monoecious species, *Jatropha* curcas L. (Euphorbiaceae). Current Science 83, 13951398.

Ranjan, P. 2009. *Jatropha* Curcas and Its Potential Applications; A Compilation Paper on Plantation and Application of *Jatropha* Curcas ,http://www.environmental expert.*com/files/0/articles/73213/Jatropha*.pdf

Ratree, S. 2004. Um estudo preliminar sobre o pinhão manso (*Jatropha* curcas L.) na Tailândia. Jornal Paquistanês de Ciências Biológicas, 7(9), 1620-1623.

Reddy, T.R., Rao, M. e Rao, K.R. 1990. Resposta da soja (Glycine max L.) ao azoto e ao fósforo. Indian J Agron 35:310-311.

Rosenblum, J.L. 2000. Carnegie Mellon University, Feasibility of Biodiesel for Rural Electrification in India, [DRAFT, junho de 2000]

Roy, S. 1998. Produção de biocombustível a partir de *Jatropha* curcas. In: Kopetz, H., Weber, T., Palz, W., Chartier, P e Ferrero, PL (eds.). Biomass for Energy & Industry, Proceeding of International Conference, CARMEN, Rimpar, Alemanha, pp. 613-615.

Roy, S. e Kumar, A. 1990. Perspectivas da produção de energia a partir da madeira nas regiões áridas semiáridas do Rajastão. In: Grassi G, Gosses G e dos Santos G (Eds.). Biomass for energy and Industry. Elsevier Applied Sci. Publications, Londres e Nova Iorque, 2, 2.1153-2.1156

RSAD - Rain Shadow Area Development Department, Governo de Andhra Pradesh. 2006. www.aponline.gov.in/Apportal/Mainpage.doc (2010.04.20)

RSADD, 2004. Bio Diesel Programme, Rain Shadow Area Development Department, http://rsad.ap.gov.in/index.htm (acedido em 21/1/11).

Santos, C.M., Verissimo, V., Wanderley-Filho, H.C.L., Ferreira, V.M., Cavalcante, P.G.S., Rolim, E.V. e Endres, L., 2013. Variações sazonais da fotossíntese, trocas gasosas, eficiência quântica do fotossistema II e respostas bioquímicas de *Jatropha* curcas L. cultivada em áreas semiúmidas e semiáridas submetidas ao estresse hídrico. Ind. Crops Prod. 41, 203-213.

Santoso, B. 2008. Karakterisasi Morfologi Dan agronomi serta Kandungan Minyak krak Pagar (*Jatropha* curcas L.) Tese de doutoramento, Universidade Agrícola de Bogor.

Schio D. B. 2010. *Jatropha* curcas L., uma potencial cultura de bioenergia. Investigação de campo no Belize. Dissertação de mestrado, Universidade de Pádua, Itália e Universidade e Centro de Investigação de Wageningen, Plant Research International, Países Baixos.

Schmook. e Serralta-Peraza, 1997. J.curcas Distribution and uses in the Yucaton Peninsula of Mexico, *Jatropha* 97, Managaua, Nicaguara.

Severino, L., Silva D.L., Lima, D.R., Le ao, A.B., Deltr ao D.M., N.E. 2007. Caraterísticas do sistema radicular de plantas *de Jatropha* curcas propagadas através de cinco métodos, em: Seminário FACT sobre agronomia e genética *de Jatropha* curcas L., Wageningen, Países Baixos, 26-28 de março de 2007, Artigo número 31.

Sharma, N. 2007. Pest disease management, em: Seminário do FACT sobre agronomia e genética *de Jatropha* curcas L., Wageningen, Países Baixos, 26-28 de março de 2007, Artigo número 26.

Sharma, N. 2007, "Agronomia: precipitação e irrigação". In: Seminário do FACT sobre agronomia e genética *de Jatropha* curcas L. . Wageningen.

Siegel, A. 1893. Ueber die Giftstoffe zweier Euphorbiaceen. Dissertação de doutoramento. Faculdade de Medicina. Universidade Imperial de Dorpat.

Silip, J.J. e Tambunan, A.H. 2008. Caraterísticas físicas pós-colheita na colheita de *Jatropha* curcas L. Lokakarya Ntional IV Jarak Pagar, malang, Surabaya, 6 de novembro de 2008.

Silva, E.N., Ribeiro, R.V., Ferreira-Silva, S.L., Vidgas, R.A., Silveira, J.A.G. 2010. Efeitos comparativos da salinidade e do stress hídrico na fotossíntese, relação hídrica e crescimento de plantas *de Jatropha* curcas. Journal of Arid Environments. 74, 1130-1137.

Singh, G., Seetharaman, S.P. e Chockshi, S.N. 1996. A study into the production and marketing of *Jatropha* curcas. Ahamedabad: Centre for Management in Agriculture. Instituto Indiano de Gestão.

Singh, L., Bargali, S.S. e Swamy, S.L. 2006. Production practices and post-harvest management, in: Actas da conferência sobre biodiesel rumo à independência energética - Focus of *Jatropha* , Hyderabad, Índia, 9-10 de junho de 2006, 252-267.

Soudkeo, N. 2005. *Jatropha* Plantation as a Large Plantation Field (Língua tailandesa). Jornal de Agricultura Natural, 8, 36-41.

Staubmann, R., Foidl, G., Foidl, N., Gubitz, G.M., Lafferty, R.M., e Arbizu V V.M. 1997. Production of biogas from J. curcas seeds press cake, in: Biofuels and industrial products from *Jatropha* curcas - Proceedings from the Symposium " *Jatropha* 97", Managua, Nicaragua, Feb. 23- 27, 1997, 123-131.

Takeda, Y. 1982. Estudo de desenvolvimento do óleo *de Jatropha curcas* (sabu dum) como substituto do gasóleo na Tailândia. Relatório intercalar do Ministério da Agricultura. Tailândia.

TERI, 2006. *Jatropha* micorrizada: sementes de sustentabilidade.

Tewari, D.N. 2007. *Jatropha* & Biodiesel. Ocean Books Ltd., Nova Deli.

Thachaleun, Th., Sengthong, V., Sychai, O., Ounsisong, S., Phengon, D. e Satkeo, S. 2006. Studies on Growth and Yield of Physic nut (Língua tailandesa). Phrachomkoutraskrabang, 14(2), 17-21.

O Projeto Biomassa Projeto, 2000, "Curcas Oil Methyl Ester Nicaragua",

http://www.ibw.com.ni/~biomasa/emat.htm (2008/01/09)

Portal Nacional da Índia, 2010c. *Conhecer a Índia - Estados e Territórios da União - Andhra Pradesh.* http://india.gov.in/ (2010.05.19)

Thomas, R., Sah, N.K. e Sharma, P.B. 2008. Biologia terapêutica de *Jatropha* curcas: uma mini revisão. Curr. Pharm. Biotechnol., 9(4): 315-24.

Tigere, T.A., Gatsi, T.C., Mudita, I.I., Chikuvire, T.J., Thamangani, S. e Mavunganidze, Z. 2006. Potential of *Jatropha* curcas in improving smallholder farmers' livelihoods in Zimbabwe: An exploratory study of Makosa Ward, Mutoko District . Jornal de Desenvolvimento Sustentável em África 8, 1-9.

Van, D.B.A.J., Horsten, S.F., Kettenes, V.D., Bosch, J.J., Kroes, B.H., Beukelman, C.J., Loeflang, B.R. e Labadie, R.P. 1995. Curcacycline A: um novo octapeptídeo cíclico isolado do látex de *Jatropha* curcas Linn. FEBS Lett., 358: 215-218.

Verma, K.C. e Gaur, A.K. 2009. World Journal of Agri. Sciences, 5(5): 552-556.

Viral, S. e Jayesh, S. 2013. Cinco casos de envenenamento por *Jatropha* curcas, JAPI, abril- 2010, Vol. 58.

Vohringer, 1987. Certificado de exame para alimentos para animais. Instituto de Ensaios e Investigação Agrícola, Bona, Alemanha.

Wahl, N.J.R., Baur, H., Munster, C. e Liyama, M. 2009. Economic viability of *Jatropha* curcas L. plantations in Northern Tanzania - Assessing farmers' prospects via cost-benefit analysis. World Agroforestry Centre, Nairobi, Quénia.

Wani, S.P., Osman, M., Emmanuel, D.S. e Sreedevi, T.K. 2006, Improved livelihoods and Environmental protection through biodiesel plantations in Asia, Asian Biotechnology and Development Review, 8(2), pp 11-29.

Wiesenhuetter, J. 2003. Utilização do pinhão manso (*Jatropha* curcas L.) para Combater a Desertificação e Reduzir a Pobreza. Projeto da Convenção de Combate à Desertificação (Projeto CCD). Bona, Alemanha.

Wills, R.T., Graham, D., McGlasson, W.B. e Joyce, D. 1998. Post-harvest: An introduction to the physiology and handling of the fruit, vegetables and ornamentals. 4th Ed. Sydney: UNSW Press Ltd.

Wu, F.Z., Bao, W.K., Li, F.L. e Wu, N. 2008. Efeitos do stress hídrico e do fornecimento de N no crescimento, na partilha de biomassa e na eficiência da utilização da água das plântulas de Sophora davidii. Environ Exp Bot 63:248-255.

Xeenavong, S. 2005. Physic nut as an Effective Energy Crop (Língua tailandesa). Jornal de Agricultura Natural. 8, 28-35.

Yong, J.W.H., Ng, Y.F., Tan, S.N. e Chew, A.Y.L. 2010. Effect of fertilizer application on photosynthesis and oil yield of *Jatropha* curcas L. Photosynthetica 48(2):208-218.

Zhang, M., Chen, Q. e Shen, S. 2011. Respostas fisiológicas de duas cultivares de alcachofra de Jerusalém ao stress hídrico induzido pelo polietilenoglicol. Ata Physiol Plant 33: 313-318. Doi 10.1007/s11738-010-0549-z

Anexo 1

Name of the Farmer:
Type of Soil :
Area of Study:
Year of study :
Spacing:

Folha de recolha de dados no terreno

	JAN	FEB	MAR	APR	MAY	JUN	JUL	AUG	SEP	OCT	NOV	DEC
Avg. Temp (°C)												
Precipitation (mm)												
Humidity (%)												
Watering												
Fertilization												
Pruning												
Plant Characteristics:												
Height (Ft)												
Girth (Inches)												
No. of Branches												
Flowering (%)												
Fruiting (%)												
Yield (%)												

Assinatura / Impressão do polegar do agricultor

Printed by Books on Demand GmbH, Norderstedt / Germany